Wilson Gonçalves de Araújo

O Fantástico Mundo dos Sistemas Elétricos de Potência

Volume 1

Editora Ciência Moderna

O Fantástico Mundo dos Sistemas Elétricos de Potência – Volume 1

Editor: Paulo André P. Marques
Produção Editorial: Dilene Sandes Pessanha
Capa: Daniel Jara
Diagramação: Daniel Jara
Copidesque: Equipe Ciência Moderna

FICHA CATALOGRÁFICA

ARAÚJO, Wilson Gonçalves de.

O Fantástico Mundo dos Sistemas Elétricos de Potência – Volume 1

Rio de Janeiro: Editora Ciência Moderna Ltda., 2021.

1. Engenharia Elétrica
I — Título

ISBN: 978-65-5842-099-6 CDD 621.3

Editora Ciência Moderna Ltda.
R. Alice Figueiredo, 46 – Riachuelo
Rio de Janeiro, RJ – Brasil CEP: 20.950-150
Tel: (21) 2201-6662/ Fax: (21) 2201-6896
E-mail: lcm@lcm.com.br
www.lcm.com.br

09/21

DEDICATÓRIA

WILSON GONÇALVES DE ARAÚJO dedica este livro aos seus queridos pais, irmãos, irmãs e a sua família e em especial a:

Sandoval Enéas de Araújo (Pai - in memoriam)

Ednalva Gonçalves de Araújo (Mãe)

Wilma Gonçalves de Araújo (Irmã gêmea - in memoriam)

Wellington Gonçalves de Araújo (Irmão - in memoriam)

Joadiva Martins da Cruz (Conjugue)

Danielle Martins Araújo (Filha), Milton Silva (Genro),

Ian Araújo Silva (Neto) e Diana Araújo Silva (Neta)

Weskley Martins Araújo (Filho), Gabriela Rottili (Nora)

e Heitor de Mattos Araújo (Neto)

Prefácio

A geração de energia elétrica é um dos setores mais importantantes para o desenvolvimento econômico de qualquer país, e no Brasil como país emergente e devido às suas dimensões continentais, não seria diferente. No Brasil a energia gerada praticamente vem de fontes baseadas em hidroeletricidade, as conhecidas hidroelétricas, atualmente em torno de 70%. Os outros 30% vêm de outras fontes, incluindo as de energia limpa e que não agridem o meio ambiente, por exemplo, a energia eólica e a geração fotovoltaica, esta última apresentando um forte crescimento atualmente.

Para transportar essa energia gerada até os consumidores finais é necessário um complexo sistema de diversos equipamentos interligados e que se destinam à geração, transmissão e distribuição. Somado a isso, inúmeros profissionais especializados na área da engenharia eletrotécnica trabalham harmoniosamente, garantindo assim o bom funcionamento do sistema sem sobressaltos.

Esse sistema, denominado "Sistema Elétrico de Potência", abreviado por "SEP", é uma das áreas da engenharia elétrica que mais me fascina. Apesar de trabalhar em uma concessionária de energia elétrica, não trabalho diretamente com os sistemas elétricos de potência e sim atuo no sistema de distribuição de energia da empresa, mas leciono disciplinas na área dos "SEPs", ajudando a difundir esses conhecimentos teóricos aos discentes da universidade onde ministro as aulas. Os "SEPs" são sistemas altamente complexos desenvolvidos pela engenharia e com uma confiabilidade quase próxima do perfeito. O estudo detalhado de um sistema elétrico de potência requer além de muitos cálculos, às vezes, difíceis e trabalhosos, muita concentração e dedicação, tanto dos alunos do curso de graduação e pós-graduação em engenharia elétrica, como também dos colaboradores das empresas que atuam no dia a dia das Geradoras, Transmissoras e Distribuidoras de Energia Elétrica.

Existem diversas referências bibliográficas em português a respeito dos Sistemas Elétricos de Potência de renomados professores. Como frisei anteriormente, sou professor universitário da área dos Sistemas Elétricos de Potência e então resolvi escrever este livro e que tem como objetivo principal iniciar uma sólida base sobre a Análise Estática dos Sistemas Elétricos de Potência no regime permanente desde a geração, passando pela transmissão e finalizando na distribuição.

Esta obra, além de apresentar os conceitos básicos sobre os Sistemas Elétricos de Potência, também contém muitos exemplos resolvidos e não resolvidos, tudo no intuito de facilitar e aprimorar a aprendizagem dos nossos leitores, já que muitos serão em um futuro próximo Engenheiros Eletricistas.

Os leitores ao iniciarem a leitura deste livro precisam ter como pré-requisitos mínimos, conhecimentos sólidos em números complexos, fasores e em circuitos elétricos e suas teorias, pois boa parte do assunto desenvolvido nesta obra pressupõe-se que os mesmos tenham no mínimo esta base de conhecimento.

No capítulo 1 será feita uma revisão de números complexos. No capítulo 2 será abordada a teoria de fasores. No capítulo 3 serão estudados os principais teoremas aplicados em análises de circuitos monofásicos e trifásicos.

Acredito que esta obra contribuirá em muito para o engrandecimento intelectual dos alunos e dos profissionais da área. Fica aqui o meu mais sincero agradecimento a todos que me apoiaram nesta caminhada.

Engenheiro Eletricista Wilson Gonçalves de Araújo.

Sumário

Capítulo 1

Números Complexos

Nos sistemas elétricos de potência, são utilizados equipamentos monofásicos e trifásicos, sendo este último, o mais utilizado em toda a topologia da rede, desde a geração até o consumidor final. Em muitos sistemas de potência são utilizados também bancos de transformadores monofásicos formando um banco trifásico, seja na configuração delta ou estrela. Geralmente esses sistemas elétricos de potência são simétricos e equilibrados. No decorrer deste livro aplicaremos as técnicas de análise de circuitos trifásicos equilibrados.

Porém ocorrem situações que os sistemas elétricos de potência apresentam desequilíbrio devido alguma assimetria na rede, seja, por exemplo, por ocorrência de curtos-circuitos, conhecido como assimetria shunt, seja, por exemplo, por abertura de alguma fase, conhecido como assimetria série. Este estudo será detalhadamente estudado futuramente em um outro volume.

Os sistemas elétricos de potência têm características muito especiais e iremos estudar como estas se comportam no regime permanente. Extensos sistemas elétricos devido a sua complexidade são difíceis de serem analisados, e requerem uma base matemática também muito complexa. Na análise destas redes elétricas no regime permanente, nos deparamos com problemas teóricos e práticos para resolver,por exemplo, cálculos de tensões, correntes, potências, sistemas de equações, matrizes, cálculos de assimetrias shunt e série, elaborar gráficos e relatórios, etc., tudo isso realizando geralmente transformações com números complexos, incluindo a ferramenta matemática de fasores.

Os fasores são representações gráficas e matemáticas de grandezas senoidais bastante utilizadas nos cálculos envolvendo grandezas dos Sistemas Elétricos. Com a representação apenas de um vetor e um ângulo de referência, pode-se analisar, o comportamento de funções em corrente alternada no regime permanente de forma bastante simplificada.

A grande vantagem de usar a notação fasorial é a simplificação de resoluções de problemas que envolvem funções senoidais no tempo. Utilizando-se a notação fasorial é possível transformar equações diferenciais que modelam um circuito elétrico em equações algébricas, e estas são bem mais simples do que resolver equações diferenciais.

Devido a essa facilidade utilizaremos no decorrer desta obra os fasores para representar as grandezas elétricas envolvidas nos Sistemas Elétricos. Finalizando cada assunto exemplificarei vários problemas com a solução dos mesmos bem detalhados, e em seguida exercícios serão oferecidos ao leitor para aprimorar seus conhecimentos adquiridos.

1.1 Revisão de Números Complexos

Nos cálculos que envolvem os parâmetros do Sistema Elétrico de Potência, os números complexos são bastante utilizados, principalmente no formato de fasores. Farei um resumo das propriedades e operações com demonstrações, bem como inúmeros exemplos resolvidos. Resumidamente os números complexos podem ser representados de duas maneiras:

1.1.1 Forma retangular

$$\boldsymbol{C = a + jb} \tag{1.1}$$

Onde "$\boldsymbol{a}$" e "$\boldsymbol{b}$" são números reais e "$\boldsymbol{j}$" é denominada unidade imaginária. Por definição, temos:

$$\boldsymbol{j = \sqrt{-1}} \text{ ou } \boldsymbol{j^2 = -1} \tag{1.2}$$

Na Figura 1, temos a representação do número complexo $\boldsymbol{C}$ no plano **Armand-Gauss.**

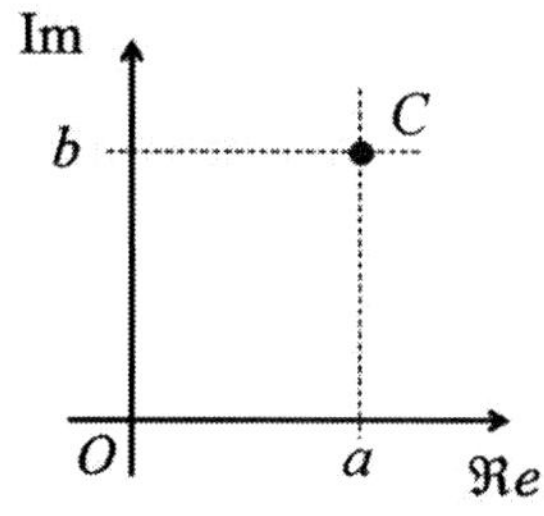

Figura 1 - Representação gráfica de um número complexo na forma retangular.

1.1.2 Forma polar

Abaixo a representação de um número complexo na forma polar.

$$\boldsymbol{C = |C|\angle\theta} \tag{1.3}$$

Onde o segmento de reta da origem até o ponto $\boldsymbol{C}$ é denominado de módulo do número complexo e tem a seguinte notação: $\boldsymbol{|C|}$

O arco $\boldsymbol{\theta}$ entre a abscissa e o segmento de reta $\boldsymbol{OC}$ é denominado de argumento de $\boldsymbol{C}$, Figura 2.

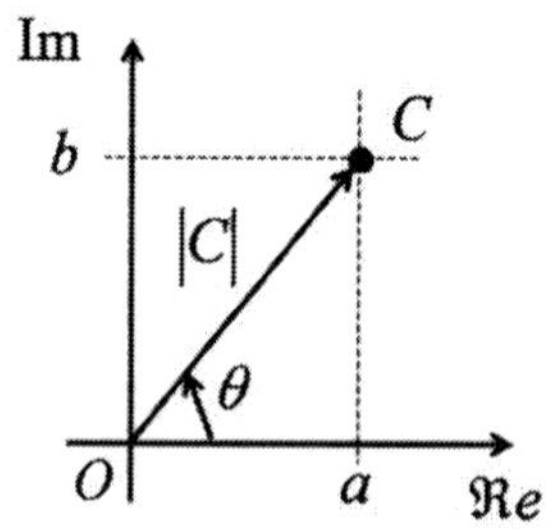

Figura 2 - Representação gráfica de um número complexo na forma polar.

A forma polar pode ser representada também na forma exponencial, cuja representação é

$$C = |C|e^{j\theta} \tag{1.4}$$

A partir da Figura 2, temos o triângulo retângulo $\boldsymbol{O}$ a $\boldsymbol{C}$ representado na Figura 3,

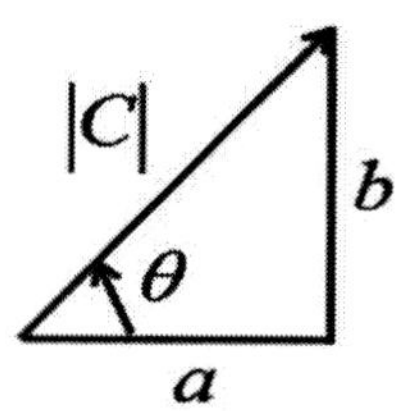

Figura 3 - Triângulo retângulo a partir da Figura 2.

Onde:

$$\boldsymbol{sen\theta} = \frac{\boldsymbol{b}}{|\boldsymbol{C}|} \tag{1.5}$$

$$\boldsymbol{cos\theta} = \frac{\boldsymbol{a}}{|\boldsymbol{C}|} \tag{1.6}$$

E $\boldsymbol{\theta}$ é o argumento de $|\boldsymbol{C}|$ e é definido por

$$\boldsymbol{\theta = arctg\left(\frac{b}{a}\right)} \tag{1.7}$$

Aplicando o teorema de Pitágoras na Figura 3,

$$|\boldsymbol{C}|^2 = \boldsymbol{a}^2 + \boldsymbol{b}^2$$

$$|\boldsymbol{C}| = \sqrt{\boldsymbol{a}^2 + \boldsymbol{b}^2} \tag{1.8}$$

Então para converter a forma polar para a forma retangular e vice-versa utilizam-se as seguintes regras:

Polar para Retangular:

$$\begin{cases} \boldsymbol{a = |C|cos\theta} \\ \boldsymbol{b = |C|sen\theta} \end{cases} \tag{1.9}$$

Retangular para Polar:

$$\begin{cases} |\boldsymbol{C}| = \sqrt{\boldsymbol{a}^2 + \boldsymbol{b}^2} \\ \boldsymbol{\theta = arctg\left(\frac{b}{a}\right)} \end{cases} \tag{1.10}$$

1.1.3 Exemplo 1.1

Seja o número complexo:

$$\boldsymbol{C_1 = 3 + j4}$$

Converta para a forma polar e mostre as projeções no plano Armand-Gauss.

Solução:

Cálculo do módulo de $\boldsymbol{C_1}$,

$$|\boldsymbol{C_1}| = \sqrt{\boldsymbol{3}^2 + \boldsymbol{4}^2} = \sqrt{\boldsymbol{9 + 16}} = \sqrt{\boldsymbol{25}} = \boldsymbol{5}$$

Solução:

Cálculo do módulo de $\boldsymbol{C_3}$,

$$|\boldsymbol{C_3}| = \sqrt{(-3)^2 + (-4)^2} = \sqrt{9 + 16} = \sqrt{25} = 5$$

Cálculo do argumento de $\boldsymbol{C_3}$,

$$\boldsymbol{\theta_3} = \boldsymbol{arctg}\left(\frac{-4}{-3}\right) = 53,1^\circ$$

Na forma polar, temos:

$$\boldsymbol{C_3} = |\boldsymbol{C_3}|\angle\boldsymbol{\theta_3} = 5\angle 53,1^\circ$$

Graficamente,

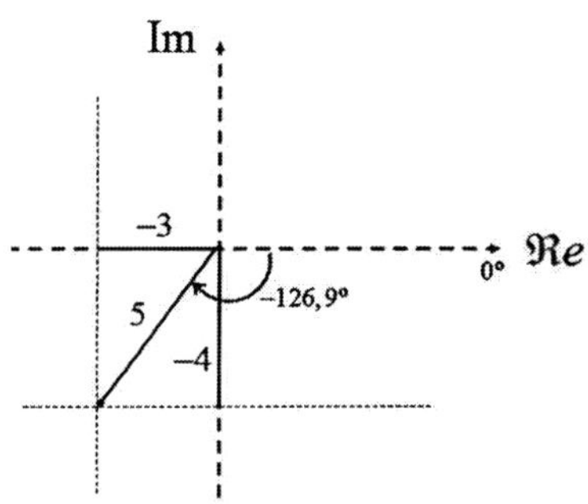

Figura 6 - Gráfico na Forma Polar do número complexo $C_3 = -3 - j4$.

Observem que graficamente o segmento de reta está no terceiro quadrante e faz um ângulo com a abscissa de $\mathbf{126,9^\circ}$ e não de $\mathbf{53,1^\circ}$, como foi calculado com o arctangente. Para obter o ângulo correto soma-se com $\mathbf{-180^\circ}$, ou seja,

$$\boldsymbol{C_3} = |\boldsymbol{C_3}|\angle\boldsymbol{\theta_3} = 5\angle(53,1^\circ - 180^\circ)$$

$$\boldsymbol{C_3} = |\boldsymbol{C_3}|\angle\boldsymbol{\theta_3} = 5\angle -126,9^\circ$$

1.1.6 Exemplo 1.4

Seja o número complexo:

$$\boldsymbol{C_4 = 3 - j4}$$

Converta para a forma polar e mostre as projeções no plano **Armand-Gauss**.

Solução:

Cálculo do módulo de $\boldsymbol{C_4}$,

$$|\boldsymbol{C_4}| = \sqrt{(3)^2 + (-\boldsymbol{4})^2} = \sqrt{\boldsymbol{9 + 16}} = \sqrt{\boldsymbol{25}} = \boldsymbol{5}$$

Cálculo do argumento de $\boldsymbol{C_4}$,

$$\boldsymbol{\theta_4} = \boldsymbol{arctg}\left(\frac{\boldsymbol{-4}}{\boldsymbol{3}}\right) = \boldsymbol{-53,1^\circ}$$

Na forma polar, temos:

$$\boldsymbol{C_4} = |\boldsymbol{C_4}|\angle\boldsymbol{\theta_4} = \boldsymbol{5\angle - 53,1^\circ}$$

Graficamente,

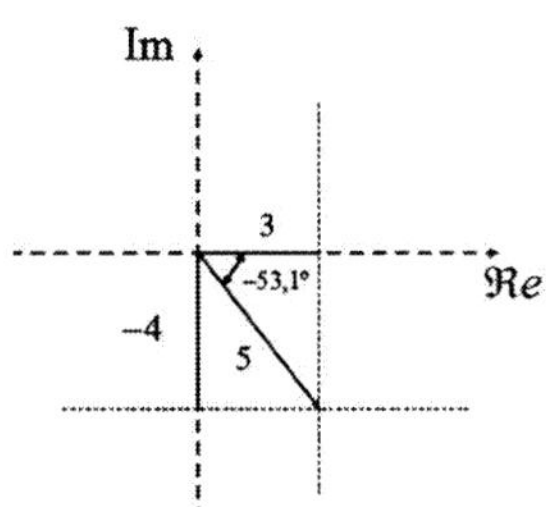

Figura 7 - Gráfico na Forma Polar do número complexo $C_4 = 3 - j4$.

1.1.7 Exemplo 1.5

Seja o número complexo

$$\boldsymbol{W = 10\angle 60^{\circ}}$$

Converta para a forma retangular.

Solução:

Supondo, seja $\boldsymbol{W}$ na forma retangular seja,

$$\boldsymbol{W = c + jd}$$

Aplicando (1.9), temos:

$$\boldsymbol{c = |W| cos\theta_w = 10\cos(60^{\circ}) = 10(0,5) = 5}$$

$$\boldsymbol{d = |W| sen\theta_w = 10\, sen(60^{\circ}) = 10\left(\frac{\sqrt{3}}{2}\right) = 5\sqrt{3}}$$

Logo,

$$\boldsymbol{W = c + jd = 5 + j5\sqrt{3} \cong 5 + j8,7}$$

1.2 Propriedades dos números complexos

A seguir estão demonstradas as principais propriedades dos números complexos na forma retangular.

1.2.1 Conjugado de um número complexo $\boldsymbol{C}$

O conjugado de um número complexo na forma retangular $\boldsymbol{C = a + jb}$ é denotado por $\boldsymbol{C^* = a - jb}$.

1.2.2 A soma de um número complexo C com seu conjugado C é o dobro da parte real do número complexo C

Forma retangular:

$$C = a + jb \tag{1.11}$$

$$C^* = a - jb \tag{1.12}$$

$$C + C^* = 2a \tag{1.13}$$

Demonstração de (1.13):

$$C + C^* = (a + jb) + (a - jb) = a + jb + a - jb = 2a$$

1.2.3 O conjugado do conjugado de um número complexo C é ele próprio

$$C = a + jb$$

$$C^* = a - jb$$

$$(C^*)^* = C \tag{1.14}$$

Demonstração de (1.14):

$$(C^*)^* = (a - jb)^* = a + jb = C$$

1.2.4 O conjugado da soma de números complexos C e Z é a soma dos conjugados

Sejam

$$C = a + jb$$

$$e\ \ Z = c + jd \tag{1.15}$$

Então:

$$(C + Z)^* = C^* + Z^* \tag{1.16}$$

Demonstração de (1.16):

$$(a + jb + c + jd)^* = (a + jb)^* + (c + jd)^*$$

$$[a + c + j(b + d)]^* = a - jb + c - jd$$

$$(a + c) - j(b + d) = (a + c) - j(b + d)$$

1.2.5 O conjugado do produto de dois números complexos C e Z é o produto dos seus conjugados

Sejam,

$$C = a + jb$$

$$e\ Z = c + jd$$

Então:

$$(CZ)^* = C^* Z^* \tag{1.17}$$

Demonstração de (1.17):

$$[(a + jb)(c + jd)]^* = (a + jb)^*(c + jd)^*$$

$$\left(ac + jbc + jad + j^2bd\right)^* = (a - jb)(c - jd)$$

$$\left(ac + jbc + jad + j^2bd\right)^* = \left(ac - jbc - jad + j^2bd\right)$$

$$(ac + jbc + jad - bd)^* = (ac - jbc - jad - bd)$$

$$(ac - jbc - jad - bd) = (ac - jbc - jad - bd)$$

1.2.6 O módulo do produto de dois números complexos C e Z pode ser representado como o produto do módulo do número complexo C e do número complexo Z

Sejam,

$$C = a + jb$$

$$e\ \ Z = c + jd$$

Então:

$$|C.Z| = |C||Z| \tag{1.18}$$

Demonstração de (1.18):

Desenvolvendo o primeiro membro de (1.18),

$$|C.Z| = |(a + jb)(c + jd)| = \left|\left(ac + jbc + jad + j^2bd\right)\right|$$

$$|C.Z| = |(ac + jbc + jad - bd)|$$

$$|(ac - bd) + j(bc + ad)| = \sqrt{(ac - bd)^2 + (bc + ad)^2}$$

$$= \sqrt{a^2c^2 - 2acbd + b^2d^2 + b^2c^2 + 2bcad + a^2d^2}$$

$$= \sqrt{a^2c^2 + b^2d^2 + b^2c^2 + a^2d^2}$$

$$|C.Z| = \sqrt{(a^2 + b^2).(c^2 + d^2)}$$

Desenvolvendo o segundo membro de (1.18),

$$|C||Z| = |a + jb||c + jd| = \left(\sqrt{a^2 + b^2}\right).\left(\sqrt{c^2 + d^2}\right)$$

$$|C||Z| = \sqrt{(a^2 + b^2).(c^2 + d^2)}$$

1.2.7 A parte real de um número complexo C é a metade da soma de C com seu conjugado C^*

Seja $\boldsymbol{C = a + jb}$, onde $\boldsymbol{\Re e(C) = a}$

$$\boldsymbol{\Re e(C) = \frac{C + C^*}{2}} \tag{1.19}$$

Demonstração de (1.19):

$$\boldsymbol{\Re e(C) = \frac{(a + jb) + (a - jb)}{2}}$$

$$\boldsymbol{\Re e(C) = \frac{a + jb + a - jb}{2} = \frac{2a}{2} = a}$$

1.2.8 A parte imaginária de um número complexo C corresponde ao quociente da diferença entre C e seu conjugado C^* e o número $j2$

Seja $\boldsymbol{C = a + jb}$, onde $\boldsymbol{Im(C) = b}$

$$\boldsymbol{Im(C) = \frac{C - C^*}{j2}} \tag{1.20}$$

Demonstração de (1.20):

$$\boldsymbol{b = \frac{(a + jb) - (a + jb)^*}{j2}}$$

$$b = \frac{(a + jb) - (a - jb)}{j2}$$

$$b = \frac{a + jb - a + jb}{j2} = \frac{j2b}{j2} = b$$

1.2.9 O módulo do quadrado de um número complexo C é o quadrado do módulo do número complexo C

$$|C^2| = |C|^2$$

Seja $C = a + jb$. Temos que:

$$|C^2| = a^2 + b^2 \tag{1.21}$$

Demonstração de (1.21):

$$|C^2| = |(a + jb)^2| = |a^2 + j2ab + j^2b^2| = |(a^2 - b^2) + j2ab| =$$

$$= \sqrt{(a^2 - b^2)^2 + (2ab)^2} = \sqrt{a^4 - 2a^2b^2 + b^4 + 4a^2b^2} =$$

$$= \sqrt{a^4 + 2a^2b^2 + b^4} = \sqrt{(a^2 + b^2)^2} = a^2 + b^2$$

$$\text{ou} \quad |C|^2 = |(a + jb)|^2 = \left(\sqrt{a^2 + b^2}\right)^2 = a^2 + b^2$$

1.2.10 O produto de um número complexo C por seu conjugado é igual ao quadrado do módulo de C

Seja $C = a + jb$

$$CC^* = |C|^2 \tag{1.22}$$

Demonstração de (1.22):

$$CC^* = (a + jb)(a - jb) = aa - jab + jab - j^2b^2 = a^2 + b^2 = |C|^2$$

1.2.11 O inverso do número complexo C é igual ao quociente do conjugado pelo quadrado do módulo do número complexo C

Seja $C = a + jb$

$$\frac{1}{C} = \frac{C^*}{|C|^2} \tag{1.23}$$

Demonstração de (1.23):

$$\frac{C^*}{|C|^2} = \frac{(a - jb)}{|a + jb|^2} = \frac{(a - jb)}{\left(\sqrt{a^2 + b^2}\right)^2} = \frac{(a - jb)}{a^2 + b^2}$$

$$\frac{C^*}{|C|^2} = \frac{(a - jb)}{(a + jb)(a - jb)} = \frac{1}{a + jb} = \frac{1}{C}$$

1.3 Operação com Números Complexos

As operações de adição, subtração, multiplicação e divisão podem ser efetuadas com os números complexos, desde que se obedeça a certas regras e características da parte real e da parte imaginária.

1.3.1 Adição na forma retangular

Sejam dois números complexos C e Z, onde $C = a + jb$ e $Z = c +$ $+ jd$.

$$W = C + Z = (a + jb) + (c + jd)$$

$$W = (a + c) + j(c + d) \tag{1.24}$$

1.3.2 Subtração na forma retangular

Sejam dois números complexos $\boldsymbol{C}$ e $\boldsymbol{Z}$, onde $\boldsymbol{C} = \boldsymbol{a} + \boldsymbol{jb}$ e $\boldsymbol{Z} = \boldsymbol{c} + \boldsymbol{jd}$.

$$\boldsymbol{W} = \boldsymbol{C} - \boldsymbol{Z} = (\boldsymbol{a} + \boldsymbol{jb}) - (\boldsymbol{c} + \boldsymbol{jd}) = \boldsymbol{a} + \boldsymbol{jb} - \boldsymbol{c} - \boldsymbol{jd}$$

$$\boldsymbol{W} = (\boldsymbol{a} - \boldsymbol{c}) + \boldsymbol{j}(\boldsymbol{b} - \boldsymbol{d}) \qquad (1.25)$$

1.3.3 Multiplicação na forma retangular

Sejam dois números complexos $\boldsymbol{C}$ e $\boldsymbol{Z}$, onde $\boldsymbol{C} = \boldsymbol{a} + \boldsymbol{jb}$ e $\boldsymbol{Z} = \boldsymbol{c} + \boldsymbol{jd}$.

$$\boldsymbol{W} = \boldsymbol{C}.\boldsymbol{Z} = (\boldsymbol{a} + \boldsymbol{jb}).(\boldsymbol{c} + \boldsymbol{jd}) = \boldsymbol{ac} + \boldsymbol{jbc} + \boldsymbol{jad} + \boldsymbol{j}^2\boldsymbol{bd}$$

$$\boldsymbol{W} = \boldsymbol{ac} + \boldsymbol{jbc} + \boldsymbol{jad} - \boldsymbol{bd} = (\boldsymbol{ac} - \boldsymbol{bd}) + \boldsymbol{j}(\boldsymbol{ad} + \boldsymbol{bc}) \qquad (1.26)$$

1.3.4 Divisão na forma retangular

Sejam dois números complexos $\boldsymbol{C}$ e $\boldsymbol{Z}$, onde $\boldsymbol{C} = \boldsymbol{a} + \boldsymbol{jb}$ e $\boldsymbol{Z} = \boldsymbol{c} + \boldsymbol{jd}$. Para executar a divisão de números complexos, multiplicaremos o dividendo e o divisor pelo conjugado do divisor.

$$\frac{\boldsymbol{C}}{\boldsymbol{W}} = \frac{\boldsymbol{a} + \boldsymbol{jb}}{\boldsymbol{c} + \boldsymbol{jd}}$$

Multiplicando o numerador e o denominador pelo conjugado do denominador, temos:

$$\frac{\boldsymbol{C}}{\boldsymbol{W}} = \frac{\boldsymbol{a} + \boldsymbol{jb}(\boldsymbol{c} - \boldsymbol{jd})}{\boldsymbol{c} + \boldsymbol{jd}(\boldsymbol{c} - \boldsymbol{jd})} = \frac{\boldsymbol{ac} + \boldsymbol{jbc} - \boldsymbol{jad} - \boldsymbol{j}^2\boldsymbol{bd}}{\boldsymbol{c}^2 + \boldsymbol{jcd} - \boldsymbol{jcd} - \boldsymbol{j}^2\boldsymbol{d}^2}$$

$$b)\ W_2 = C_2 - C_1 - 2C_2$$

$$W_2 = (3 - j4) - (2 + j5) - 2(3 - j4) = 3 - j4 - 2 - j5 - 6 + j8$$

$$W = (3 - 2 - 6) + j(-4 - 5 + 8) = -5 - j$$

$$c)\ W_3 = C_1 . C_2 - C_3$$

$$W_3 = (2 + j5)(3 - j4)\ -\ (-1 - j) =\ (2 + j5)(3 - j4) + 1 + j$$

$$W_3 = \left(6 - j8 + j15 - j^2 20\right) + (1 + j)$$

$$W_3 = (6 - j8 + j15 + 20) + (1 + j)$$

$$W_3 = 26 + j7 + 1 + j = 27 + j8$$

$$d)\ W_4 = \frac{C_1 - C_2}{C_3}$$

$$W_4 = \frac{(2 + j5) - (3 - j4)}{(-1 - j)} = \frac{(2 + j5 - 3 + j4)}{(-1 - j)} = \frac{(-1 + j9)}{(-1 - j)}$$

$$W_4 = \frac{(-1 + j9)(-1 + j)}{(-1 - j)(-1 + j)} = \frac{1 - j - j9 + j^2 9}{1 - j + j - j^2} = \frac{1 - j10 - 9}{1 + 1}$$

$$W_4 = \frac{-8 - j10}{2} = -4 - j5$$

$$e)\ W_5 = C_4 + C_8$$

$$\boldsymbol{W_5 = 2\angle 30° + 12\angle - 120°}$$

Como os ângulos são diferentes, temos que transformar para a forma retangular, realizar as operações e depois retornar para a forma polar.

$$\begin{cases} \boldsymbol{C_4 = |C_4|\angle\theta_4 = |C_4|cos\theta_4 + j|C_4|sen\theta_4} \\ \boldsymbol{C_8 = |C_8|\angle\theta_8 = |C_8|cos\theta_8 + j|C_8|sen\theta_8} \end{cases}$$

$$\boldsymbol{C_4 = 2\angle 30° = 2cos(30°) + j2sen(30°) = 2\left(\frac{\sqrt{3}}{2}\right) + j2\left(\frac{1}{2}\right)}$$

$$\boldsymbol{C_4 = \sqrt{3} + j}$$

$$\boldsymbol{C_8 = 12\angle - 120° = 12cos(-120°) + j12sen(-120°)}$$

$$\boldsymbol{C_8 = 12\left(-\frac{1}{2}\right) + j12\left(-\frac{\sqrt{3}}{2}\right) = -6 - j6\sqrt{3}}$$

$$\boldsymbol{W_5 = \sqrt{3} + j - 6 - j6\sqrt{3} = \left(\sqrt{3} - 6\right) + j\left(1 - 6\sqrt{3}\right)}$$

$$\boldsymbol{W_5 = -4,27 - j9,39}$$

Convertendo novamente para a forma polar, temos:

$$\boldsymbol{W_5 = -4,27 - j9,39}$$

Como o fasor $\boldsymbol{W_5}$ está no 3º quadrante temos então,

$$\boldsymbol{W_5 = |W_5|\angle\theta_5 - 180°}$$

$$\boldsymbol{|W_5| = \sqrt{(-4,27)^2 + (-9,3)^2} = \sqrt{18,23 + 86,49} = \sqrt{104,72}}$$

$$\boldsymbol{|W_5| = 10,23}$$

$$\theta_5 = arctg\left(\frac{-9,3}{-4,27}\right) = 65,34°$$

$$W_5 = |W_5|\angle\theta_5 = 10,23\angle 65,34°$$

$$\theta_5 = 65,3° - 180° = -114,7°$$

$$W_5 = |W_5|\angle\theta_5 = 10,23\angle - 114,7°$$

$$f)\ W_6 = C_5 - C_7$$

Neste caso a diferença entre os ângulos resulta em um múltiplo de $180°$, então,

$$W_6 = (4\angle 0°) - (10\angle 180°) = (4\angle 0°) - (-10\angle 0°)$$

$$W_6 = (4\angle 0°) + (10\angle 0°)$$

$$W_6 = 14\angle 0°$$

$$g)\ W_7 = \frac{C_8}{C_4}$$

$$W_7 = \frac{12\angle - 120°}{2\angle 30°} = 6\angle(-120° - 30°) = 6\angle - 150°$$

$$h)\ W_8 = C_4 + C_6$$

Neste caso, como os ângulos dos números complexos são iguais,

$$W_8 = 2\angle 30° + 6\angle 30° = 8\angle 30°$$

$$i)\ \boldsymbol{W_9} = \frac{\boldsymbol{C_7 C_8}}{\boldsymbol{C_1}}$$

$$\boldsymbol{W_9} = \frac{\boldsymbol{C_7 C_8}}{\boldsymbol{C_1}} = \frac{(\boldsymbol{10}\angle\boldsymbol{180}°)(\boldsymbol{12}\angle-\boldsymbol{120}°)}{(\boldsymbol{2}+j\boldsymbol{5})}$$

Convertendo $\boldsymbol{C_1}$ para a forma polar,

$$\boldsymbol{C_1} = \boldsymbol{2} + j\boldsymbol{5}$$

$$\boldsymbol{C_1} = |\boldsymbol{C_1}|\angle\boldsymbol{\theta_1}$$

Onde,

$$|\boldsymbol{C_1}| = \sqrt{(2)^2 + (5)^2} = \sqrt{\boldsymbol{4}+\boldsymbol{25}} = \sqrt{\boldsymbol{29}} = \boldsymbol{5,4}$$

$$\boldsymbol{\theta_1} = \boldsymbol{arctg}\left(\frac{\boldsymbol{5}}{\boldsymbol{2}}\right) = \boldsymbol{68,2}°$$

$$\boldsymbol{C_1} = \boldsymbol{5,4}\angle\boldsymbol{68,2}°$$

$$\boldsymbol{W_9} = \frac{(\boldsymbol{10}\angle\boldsymbol{180}°)(\boldsymbol{12}\angle-\boldsymbol{120}°)}{\boldsymbol{5,4}\angle\boldsymbol{68,2}°} = \frac{\boldsymbol{120}\angle\boldsymbol{60}°}{\boldsymbol{5,4}\angle\boldsymbol{68,2}°}$$

$$\boldsymbol{W_9} = \boldsymbol{22,22}\angle(\boldsymbol{60}° - \boldsymbol{68,2}°)$$

$$\boldsymbol{W_9} = \boldsymbol{22,22}\angle-\boldsymbol{8,2}°$$

$$j)\ \boldsymbol{W_{10}} = \boldsymbol{C_8} - \boldsymbol{C_2}$$

$$\boldsymbol{W_{10}} = (\boldsymbol{12}\angle-\boldsymbol{120}°) - (\boldsymbol{3} - j\boldsymbol{4})$$

Convertendo $\boldsymbol{C_8}$ para a forma retangular,

$$\boldsymbol{C_8} = |\boldsymbol{C_8}|\angle\boldsymbol{\theta_8} = |\boldsymbol{C_8}|\boldsymbol{cos}(\boldsymbol{\theta_8}) + j|\boldsymbol{C_8}|\boldsymbol{sen}(\boldsymbol{\theta_8})$$

$$C_8 = 12\angle -120° = 12cos(-120°) + j12sen(-120°)$$

$$C_8 = 12\left(-\frac{1}{2}\right) + j12\left(-\frac{\sqrt{3}}{2}\right)$$

$$C_8 = -6 - j6\sqrt{3} = -6 - j10,4$$

Logo,

$$W_{10} = (-6 - j10,4) - (3 - j4) = -6 - j10,4 - 3 + j4$$

$$W_{10} = -9 - j6,4$$

1.3.8 Exercícios de Fixação

Dados os seguintes números complexos.

$$C_1 = 1 - j;\ \ C_2 = -4 + j;\ \ C_3 = j;\ \ C_4 = 12 + j5;\ \ C_5 = 2\angle 180°;$$

$$C_6 = 10\angle 10°;\ C_7 = 1\angle 120°;\ C_8 = 3\angle -240°;\ C_9 = 15\angle 0°;$$

$$C_{10} = 6\angle 45°;$$

Faça as seguintes operações. Matenha todas as soluções dos itens de "$\boldsymbol{a}$" a "$\boldsymbol{j}$" na forma polar.

$$a)\ U_1 = 2C_1 + C_3$$

$$b)\ U_2 = C_3 - C_4 + C_2$$

$$c)\ U_3 = C_3.C_5.C_8$$

$$d)\ U_4 = \frac{C_9 + C_{10}}{2}$$

$$e)\ \boldsymbol{U_5 = 4C_7 - \frac{C_6}{2}}$$

$$f)\ \boldsymbol{U_6 = -C_1 + C_5}$$

$$g)\ \boldsymbol{U_7 = \frac{C_8}{C_4}}$$

$$h)\ \boldsymbol{U_8 = C_{10} - 2C_2 + C_3}$$

$$i)\ \boldsymbol{U_9 = \frac{C_4 . C_7}{C_1 . C_6}}$$

$$j)\ \boldsymbol{U_{10} = \frac{C_5}{3} + C_2 - C_1}$$

Capítulo 2

Definição matemática de Fasores

Seja a função cossenoidal de uma tensão qualquer descrita por:

$$\boldsymbol{v(t) = V_{máx}cos(\omega t + \theta)} \tag{2.1}$$

Onde:

$\boldsymbol{V_{máx}}$ é uma variável real positiva que representa o valor de pico da onda cossenoidal.

$\boldsymbol{\omega}$ é a frequência angular em $\boldsymbol{rad/s}$. Sendo que $\boldsymbol{\omega}$ é definida por:

$\boldsymbol{\omega = 2\pi f}$, onde $\boldsymbol{f}$ é a frequência da onda $\boldsymbol{v(t)}$ em **Hz**.

$\boldsymbol{\theta}$ é o ângulo de fase em radianos.

As funções seno e cosseno podem ser representadas por funções exponenciais, conforme (2.2) e (2.3).

$$\boldsymbol{cos(\omega t) = \frac{e^{j\omega t} + e^{-j\omega t}}{2}} \tag{2.2}$$

e

$$\boldsymbol{sen(\omega t) = \frac{e^{j\omega t} - e^{-j\omega t}}{j2}} \tag{2.3}$$

Passando o operador "$\boldsymbol{j}$" para o primeiro membro da equação (2.3) temos,

$$jsen(\omega t) = \frac{e^{j\omega t} - e^{-j\omega t}}{2} \tag{2.4}$$

Somando membro a membro a equação (2.2) com (2.4), obtemos:

$$cos(\omega t) + jsen(\omega t) = \frac{e^{j\omega t} + e^{-j\omega t}}{2} + \frac{e^{j\omega t} - e^{-j\omega t}}{2}$$

$$cos(\omega t) + jsen(\omega t) = \frac{e^{j\omega t} + e^{-j\omega t} + e^{j\omega t} - e^{-j\omega t}}{2}$$

$$cos(\omega t) + jsen(\omega t) = \frac{2e^{j\omega t}}{2}$$

Resultando em

$$e^{j\omega t} = cos(\omega t) + jsen(\omega t) \tag{2.5}$$

Multiplicando agora ambos os membros da equação (2.4) por (-1) resulta,

$$-jsen(\omega t) = \frac{-e^{j\omega t} + e^{-j\omega t}}{2} \tag{2.6}$$

Somando membro a membro a equação (2.2) com (2.6), obtemos:

$$cos(\omega t) - jsen(\omega t) = \frac{e^{j\omega t} + e^{-j\omega t}}{2} + \frac{-e^{j\omega t} + e^{-j\omega t}}{2}$$

$$cos(\omega t) - jsen(\omega t) = \frac{e^{j\omega t} + e^{-j\omega t} - e^{j\omega t} + e^{-j\omega t}}{2}$$

$$cos(\omega t) - jsen(\omega t) = \frac{2e^{-j\omega t}}{2}$$

Resultando em

$$\boldsymbol{cos(\omega t) - jsen(\omega t) = e^{-j\omega t}} \tag{2.7}$$

Utilizando os operadores $\Re e$ **(Real)** e Im **(Imaginário)** na equação (2.5) temos,

$$\boldsymbol{cos(\omega t) = \Re e\left|e^{j\omega t}\right|} \tag{2.8}$$

é a parte real de $e^{j\omega t}$.

$$\boldsymbol{sen(\omega t) = Im\left|e^{j\omega t}\right|} \tag{2.9}$$

é a parte imaginária de $e^{j\omega t}$.

Seguindo o mesmo raciocínio da equação (2.5), agora com $e^{j(\omega t+\theta)}$ temos,

$$\boldsymbol{e^{j(\omega t+\theta)} = cos(\omega t+\theta) + jsen(\omega t+\theta)} \tag{2.10}$$

Onde,

$$\boldsymbol{cos(\omega t+\theta) = \Re e\left|e^{j(\omega t+\theta)}\right|} \tag{2.11}$$

é a parte real de $e^{j(\omega t+\theta)}$.

$$\boldsymbol{sen(\omega t+\theta) = Im\left|e^{j(\omega t+\theta)}\right|} \tag{2.12}$$

é a parte imaginária de $e^{j(\omega t+\theta)}$.

Multiplicando ambos os membros da equação (2.10) por $V_{máx}$ resulta em:

$$\boldsymbol{V_{máx}e^{j(\omega t+\theta)} = V_{máx}cos(\omega t+\theta) + jV_{máx}sen(\omega t+\theta)} \tag{2.13}$$

Onde,

$$\boldsymbol{V_{máx}cos(\omega t+\theta) = \Re e\left|V_{máx}e^{j(\omega t+\theta)}\right|}$$

é a parte real da função $\boldsymbol{V_{máx}e^{j(\omega t+\theta)}}$.

Aplicando a propriedade distributiva no expoente da função exponencial, temos:

$$\boldsymbol{V_{máx}cos(\omega t+\theta) = \Re e\left|V_{máx}e^{j\omega t+j\theta}\right|}$$

$$\boldsymbol{V_{máx}cos(\omega t+\theta) = \Re e\left|V_{máx}e^{j\omega t}e^{j\theta}\right|} \quad (2.14)$$

Desprezando o termo $\boldsymbol{e^{j\omega t}}$ no segundo membro da equação (2.14) resta apenas $\boldsymbol{V_{máx}e^{j\theta}}$. Definindo este termo por:

$$\boldsymbol{\overline{V} = V_{máx}e^{j\theta}} \quad (2.15)$$

Onde $\boldsymbol{\overline{V}}$ é denominado Fasor Tensão.

A notação

$$\boldsymbol{\overline{V} = V_{máx}\angle\theta} \quad (2.16)$$

é denominada de Fórmula Polar da Tensão. O Fasor é expresso pelo valor eficaz das grandezas tensão e corrente que estão presentes em um circuito elétrico. Então definindo,

$$\boldsymbol{V = \frac{V_{máx}}{\sqrt{2}}} \quad (2.17)$$

onde $\boldsymbol{V}$ é o valor eficaz da grandeza tensão. Logo,

$$\boldsymbol{\overline{V} = V\angle\theta} \quad (2.18)$$

onde

$\boldsymbol{V}$: é o módulo do Fasor;

$\boldsymbol{\theta}$: é o ângulo de fase do Fasor em relação ao eixo real.

Se a grandeza for a corrente, o fasor corrente será definido por:

$$\bar{I} = I_{máx}\angle\varphi \tag{2.19}$$

Onde,

$$I = \frac{I_{máx}}{\sqrt{2}} \tag{2.20}$$

onde $\boldsymbol{I}$ é o valor eficaz da grandeza corrente. Logo,

$$\bar{I} = I\angle\varphi \tag{2.21}$$

onde

$\boldsymbol{I}$: é o módulo do Fasor corrente;

$\boldsymbol{\varphi}$: é o ângulo de fase do Fasor corrente em relação ao eixo real.

2.1 Representação gráfica de um fasor

A representação gráfica de um Fasor é semelhante a de um Vetor, mas a diferença é que o Fasor se refere às grandezas que variam no tempo como as ondas senoidais. A Figura 1 mostra a representação gráfica de um fasor tensão.

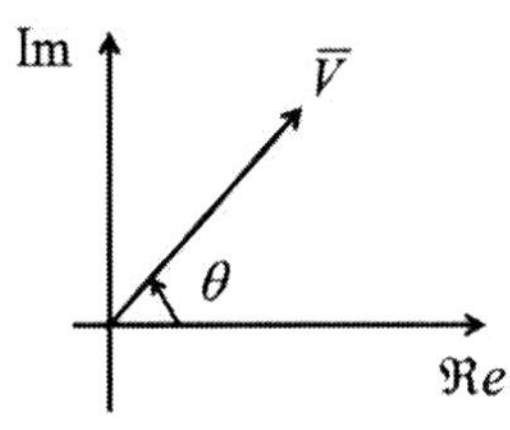

Figura 1 - Representação gráfica do fasor tensão.

Vejamos um exemplo. Seja uma função senoidal de corrente definida como,

$$\boldsymbol{i(t) = 10sen\left(377t + \frac{\pi}{3}\right)}$$

A partir das definições trigonométricas a seguir,

$$\boldsymbol{sen(\omega t) = cos\left(\omega t - \frac{\pi}{2}\right)}$$

$$\boldsymbol{cos(\omega t) = sen\left(\omega t + \frac{\pi}{2}\right)}$$

a equação da corrente na forma de cosseno pode ser representada por,

$$\boldsymbol{i(t) = 10cos\left(377t - \frac{\pi}{2} + \frac{\pi}{3}\right)}$$

Simplificando o argumento da função cosseno, temos:

$$\boldsymbol{i(t) = 10cos\left(377t + \frac{\pi}{6}\right)}$$

Aplicando a definição de Fasor, temos então:

$$\bar{\boldsymbol{I}} = \frac{\boldsymbol{10}}{\sqrt{\boldsymbol{2}}}\angle\left({}^{\boldsymbol{\pi}}/_{\boldsymbol{6}}\right)$$

Neste exemplo o Fasor tem módulo (ou magnitude) igual à $\frac{\boldsymbol{10}}{\sqrt{\boldsymbol{2}}}$ e fase igual a ${}^{\boldsymbol{\pi}}/_{\boldsymbol{6}}$ radianos.

2.2 Fasor de um elemento resistivo

A equação básica no domínio do tempo de um circuito elétrico puramente resistivo é dada pela Lei de Ohm, ou seja:

$$\boldsymbol{v(t) = R.i(t)} \tag{2.22}$$

Considere $\boldsymbol{v(t)}$ conforme equação (2.1) e $\boldsymbol{i(t)}$ também sendo definida como uma função cossenoidal, ou seja,

$$\boldsymbol{v(t)} = \boldsymbol{V}_{\text{máx}}\boldsymbol{cos(\omega t + \theta)}$$

$$\boldsymbol{i(t)} = \boldsymbol{I}_{\text{máx}}\boldsymbol{cos(\omega t + \varphi)} \tag{2.23}$$

Escrevendo as equações (2.23) na fórmula de Euler. Temos então,

$$\boldsymbol{V}_{\text{máx}}\boldsymbol{cos(\omega t + \theta)} = \boldsymbol{\Re e}\left|\boldsymbol{V}_{\text{máx}}\boldsymbol{e}^{j(\omega t+\theta)}\right|$$

$$\boldsymbol{I}_{\text{máx}}\boldsymbol{cos(\omega t + \varphi)} = \boldsymbol{\Re e}\left|\boldsymbol{I}_{\text{máx}}\boldsymbol{e}^{j(\omega t+\varphi)}\right| \tag{2.24}$$

Substituindo as equações (2.24) em (2.22), e desenvolvendo as funções em ambos os membros, resulta:

$$\boldsymbol{\Re e}\left|\boldsymbol{V}_{\text{máx}}\boldsymbol{e}^{j(\omega t+\theta)}\right| = \boldsymbol{R}.\boldsymbol{\Re e}\left|\boldsymbol{I}_{\text{máx}}\boldsymbol{e}^{j(\omega t+\varphi)}\right|$$

$$\boldsymbol{\Re e}\left|\boldsymbol{V}_{\text{máx}}\boldsymbol{e}^{j\omega t+j\theta}\right| = \boldsymbol{R}.\boldsymbol{\Re e}\left|\boldsymbol{I}_{\text{máx}}\boldsymbol{e}^{j\omega t+j\varphi}\right|$$

$$\boldsymbol{\Re e}\left|\boldsymbol{V}_{\text{máx}}\boldsymbol{e}^{j\omega t}\boldsymbol{e}^{j\theta}\right| = \boldsymbol{R}.\boldsymbol{\Re e}\left|\boldsymbol{I}_{\text{máx}}\boldsymbol{e}^{j\omega t}\boldsymbol{e}^{j\varphi}\right| \tag{2.25}$$

Eliminando a função real em ambos os membros,

$$\boldsymbol{V}_{\text{máx}}\boldsymbol{e}^{j\omega t}\boldsymbol{e}^{j\theta} = \boldsymbol{R}.\boldsymbol{I}_{\text{máx}}\boldsymbol{e}^{j\omega t}\boldsymbol{e}^{j\varphi} \tag{2.26}$$

Dividindo ambos os membros da equação (2.26) por $\boldsymbol{e}^{j\omega t}$, resulta:

$$\frac{\boldsymbol{V}_{\text{máx}}\boldsymbol{e}^{j\omega t}\boldsymbol{e}^{j\theta}}{\boldsymbol{e}^{j\omega t}} = \boldsymbol{R}.\frac{\boldsymbol{I}_{\text{máx}}\boldsymbol{e}^{j\omega t}\boldsymbol{e}^{j\varphi}}{\boldsymbol{e}^{j\omega t}}$$

$$\boldsymbol{V}_{\text{máx}}\boldsymbol{e}^{j\theta} = \boldsymbol{R}.\boldsymbol{I}_{\text{máx}}\boldsymbol{e}^{j\varphi} \tag{2.27}$$

Da definição de Fasor,

$$\overline{V} = V_{máx}e^{j\theta} = V_{máx}\angle\theta$$

$$\overline{I} = I_{máx}e^{j\varphi} = I_{máx}\angle\varphi \qquad (2.28)$$

Nos circuitos puramente resistivos as fases θ e φ são iguais, logo, a tensão está em fase com a corrente e a equação (2.27) resulta,

$$\overline{V} = R.\overline{I} \qquad (2.29)$$

Na Figura 2 está representado o diagrama fasorial dos Fasores de tensão e corrente.

Figura 2 - Representação gráfica do fasor tensão e corrente em um circuito puramente resistivo.

2.3 Fasor de um elemento indutivo

Para o indutor, a equação básica diferencial é dada por,

$$v(t) = Ld\frac{i(t)}{dt} \qquad (2.30)$$

Considere as equações (2.1) e (2.23) descritas a seguir.

$$v(t) = V_{máx}cos(\omega t + \theta)$$

$$i(t) = I_{máx}cos(\omega t + \varphi)$$

Reescrevendo as equações conforme (2.24),

$$v(t) = V_{máx} cos(\omega t + \theta) = \Re e\left|V_{máx} e^{j\omega t} e^{j\theta}\right|$$

$$i(t) = I_{máx} cos(\omega t + \varphi) = \Re e\left|I_{máx} e^{j\omega t} e^{j\varphi}\right|$$

Substituindo na equação (2.30) temos,

$$\Re e\left|V_{máx} e^{j\omega t} e^{j\theta}\right| = Ld \frac{\Re e\left|I_{máx} e^{j\omega t} e^{j\varphi}\right|}{dt} \tag{2.31}$$

Derivando o segundo membro (2.31) em relação ao tempo,

$$Ld \frac{\Re e\left|I_{máx} e^{j\omega t} e^{j\varphi}\right|}{dt} = L\Re e\left|j\omega I_{máx} e^{j\omega t} e^{j\varphi}\right|$$

e em seguida igualando ao primeiro membro,

$$\Re e\left|V_{máx} e^{j\omega t} e^{j\theta}\right| = L\Re e\left|j\omega I_{máx} e^{j\omega t} e^{j\varphi}\right| \tag{2.32}$$

Eliminando a função real em ambos os membros,

$$V_{máx} e^{j\omega t} e^{j\theta} = j\omega L I_{máx} e^{j\omega t} e^{j\varphi} \tag{2.33}$$

Dividindo ambos os membros da equação (2.33) por $e^{j\omega t}$, resulta em:

$$\frac{V_{máx} e^{j\omega t} e^{j\theta}}{e^{j\omega t}} = j \frac{\omega L I_{máx} e^{j\omega t} e^{j\varphi}}{e^{j\omega t}}$$

$$V_{máx} e^{j\theta} = j\omega L I_{máx} e^{j\varphi} \tag{2.34}$$

Da definição de (2.5), temos que:

$$e^{j90^\circ} = cos(90^\circ) + jsen(90^\circ) = 0 + j.1 = j$$

Então como $j = e^{j90^\circ}$, o segundo membro da equação (2.34) resulta:

$$\begin{aligned} j\omega L I_{máx} e^{j\varphi} &= e^{j90°} \omega L I_{máx} e^{j\varphi} = \omega L I_{máx} e^{j\varphi} e^{j90°} = \\ &= \omega L I_{máx} e^{j(\varphi + 90°)} \end{aligned} \tag{2.35}$$

Igualando o resultado da equação (2.35) ao primeiro membro da equação (2.34),

$$V_{máx} e^{j\theta} = \omega L I_{máx} e^{j(\varphi + 90°)} \tag{2.36}$$

Como as equações são iguais, conclui-se que:

$$\theta = \varphi + 90° \tag{2.37}$$

No caso de circuitos indutivos as fases θ e φ não são iguais. A tensão está adiantada de $90°$ em relação a corrente.

Em termos da notação de Fasores, a equação (2.34):

$$V_{máx} e^{j\theta} = j\omega L I_{máx} e^{j\varphi}$$

pode ser escrita como:

$$\bar{V} = j\omega L \bar{I} \tag{2.38}$$

Onde

$$\bar{V} = V_{máx} e^{j\theta} \;\; e \;\; \bar{I} = I_{máx} e^{j\varphi}$$

A equação (2.38) pode ser escrita como,

$$\bar{V} = \omega L \bar{I} \angle 90° \tag{2.39}$$

Onde $\bar{V}$ e $\bar{I}$ já foram definidos por (2.28) e são:

$$\bar{V} = V_{máx} \angle \theta$$

$$\bar{I} = I_{máx}\angle\varphi$$

Na Figura 3 temos o diagrama fasorial de $\bar{V}$ e $\bar{I}$:

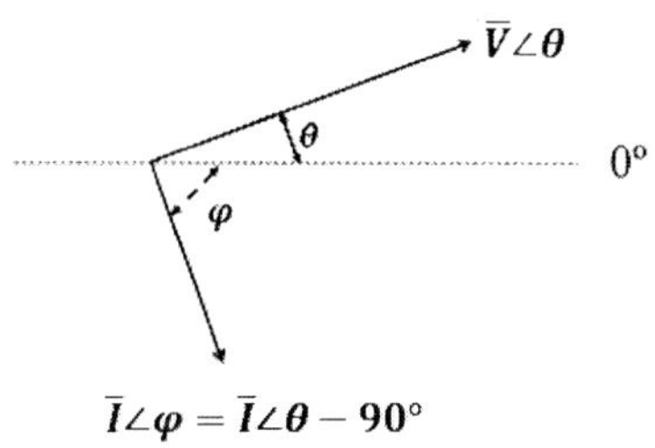

Figura 3 - Representação gráfica do fasor tensão e corrente em um circuito puramente indutivo.

2.4 Fasor de um elemento capacitivo

Para o capacitor, a equação básica diferencial é dada por,

$$i(t) = Cd\frac{v(t)}{dt} \tag{2.40}$$

Considere novamente as equações (2.1) e (2.23)

$$v(t) = V_{máx}cos(\omega t + \theta)$$

$$i(t) = I_{máx}cos(\omega t + \varphi)$$

Reescrevendo novamente as equações conforme (2.24),

$$v(t) = V_{máx}cos(\omega t + \theta) = \Re e\left|V_{máx}e^{j\omega t + j\theta}\right|$$

Identicamente para a corrente,

$$i(t) = I_{máx}cos(\omega t + \varphi) = \Re e\left|I_{máx}e^{j\omega t + j\varphi}\right|$$

Substituindo na equação (2.40),

$$\Re e\left[I_{máx}e^{j\omega t}e^{j\varphi}\right] = Cd\frac{\Re e\left[V_{máx}e^{j\omega t}e^{j\theta}\right]}{dt} \tag{2.41}$$

Derivando o segundo membro da equação (2.41),

$$Cd\frac{\Re e\left[V_{máx}e^{j\omega t}e^{j\theta}\right]}{dt} = C\Re e\left[j\omega V_{máx}e^{j\omega t}e^{j\theta}\right]$$

e em seguida igualando ao primeiro membro,

$$\Re e\left[I_{máx}e^{j\omega t}e^{j\varphi}\right] = C\Re e\left[j\omega V_{máx}e^{j\omega t}e^{j\theta}\right] \tag{2.42}$$

Eliminando a função real em ambos os membros,

$$I_{máx}e^{j\omega t}e^{j\varphi} = j\omega CV_{máx}e^{j\omega t}e^{j\theta} \tag{2.43}$$

Dividindo ambos os membros da equação (2.43) por $e^{j\omega t}$, resulta em:

$$\frac{I_{máx}e^{j\omega t}e^{j\varphi}}{e^{j\omega t}} = j\frac{\omega CV_{máx}e^{j\omega t}e^{j\theta}}{e^{j\omega t}}$$

$$I_{máx}e^{j\varphi} = j\omega CV_{máx}e^{j\theta} \tag{2.44}$$

Como $j = e^{j90^\circ}$, o segundo membro da equação (2.44) resulta:

$$\begin{aligned} j\omega CV_{máx}e^{j\theta} &= e^{j90^\circ}\omega CV_{máx}e^{j\theta} = \omega CV_{máx}e^{j\theta}e^{j90^\circ} = \\ &= \omega CV_{máx}e^{j(\theta+90^\circ)} \end{aligned} \tag{2.45}$$

Igualando o resultado da equação (2.45) ao primeiro membro da equação (2.44),

$$I_{máx}e^{j\varphi} = \omega CV_{máx}e^{j(\theta+90^\circ)} \tag{2.46}$$

Como as equações são iguais, conclui-se que:

$$\varphi = \theta + 90°$$

Isolando θ,

$$\theta = \varphi - 90° \tag{2.47}$$

No caso de circuitos puramente capacitivos as fases $\boldsymbol{\theta}$ e $\boldsymbol{\varphi}$ também não são iguais. A tensão está atrasada de $\mathbf{90}°$ em relação à corrente.

Em termos da notação de fasores, a equação,

$$I_{máx}e^{j\varphi} = j\omega C V_{máx}e^{j\theta} \tag{2.48}$$

Como

$$\bar{I} = I_{máx}e^{j\varphi}$$

$$e \ \bar{V} = V_{máx}e^{j\theta}$$

Portanto, (2.48) pode ser escrita como:

$$\bar{I} = j\omega C\bar{V} \tag{2.49}$$

Isolando $\bar{V}$,

$$\bar{V} = \frac{1}{j\omega C}\bar{I}$$

$$\bar{V} = -j\frac{1}{\omega C}\bar{I}$$

$$\bar{V} = \frac{1}{\omega C}\bar{I}\angle - 90° \tag{2.50}$$

Na Figura 4 temos o diagrama fasorial de $\bar{V}$ e $\bar{I}$:

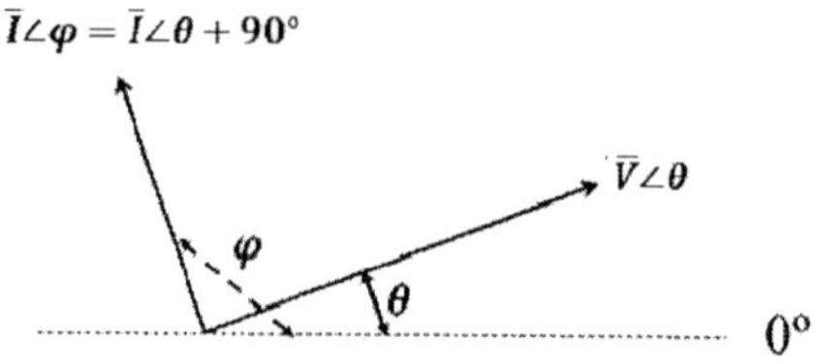

Figura 4 - Representação gráfica do fasor tensão e corrente em um circuito puramente capacitivo.

2.5 Definição de Impedância

As relações Fasoriais obtidas anteriormente pelas equações (2.29), (2.38) e (2.50) para os elementos resistivos, indutivos e capacitivos respectivamente, estão descritas abaixo:

$$\bar{V} = R\bar{I}$$

$$\bar{V} = j\omega L\bar{I}$$

$$\bar{V} = \frac{1}{j\omega C}\bar{I}$$

Definindo uma impedância com notação $\boldsymbol{Z}$ que é dada pela relação entre os Fasores $\bar{V}$ e $\bar{I}$, temos:

$$Z = \frac{\bar{V}}{\bar{I}} \quad (2.51)$$

Atentar que a impedância $\boldsymbol{Z}$ não é um fasor e sim um número complexo que relaciona um fasor de tensão $\bar{V}$com um fasor de corrente $\bar{I}$.

2.5.1 Exemplo 2.1

Uma resistência de $\mathbf{10}\ \Omega$ está em série com um indutor cuja reatância indutiva é a $\mathbf{6,2}\ \Omega$. Se a tensão aplicada for de $\mathbf{100\angle 0°}\ \boldsymbol{V}$, calcule:

a) A impedância na forma retangular e polar;

b) A corrente de linha;

c) A queda de tensão no resistor e na bobina;

d) Desenhe o diagrama fasorial da tensão e corrente.

Solução:

a) A impedância na forma retangular e polar;

$$R = 10\,\Omega \;\; e \;\; X_L = 6,2\,\Omega$$

Na forma retangular:

$$Z = R + jX_L = 10 + j6,2\,\Omega$$

Convertendo para a forma polar:

$$Z = |Z|\angle\theta$$

Onde,

$$|Z| = \sqrt{R^2 + X_L^2} = \sqrt{10^2 + 6,2^2} = \sqrt{100 + 38,44} = \sqrt{138,44}$$

$$|Z| = 11,766\,\Omega$$

$$\theta = arctg\left(\frac{X_L}{R}\right) = arctg\left(\frac{6,2}{10}\right) = 31,8^\circ$$

Então, $Z = 11,766\angle 31,8^\circ\,\Omega$

b) A corrente de linha;

$$\bar{I}_\ell = \frac{\bar{V}}{Z} = \frac{100\angle 0^\circ}{11,766\angle 31,8^\circ} = 8,499\angle -31,8^\circ\,\Omega$$

c) Queda de tensão no Resistor:

$$\Delta V_R = \bar{I}_\ell . R = (8,499\angle -31,8^\circ)(10) = 84,99\angle -31,8^\circ\,V$$

Queda de tensão no Indutor:

$$\Delta V_L = \bar{I}_\ell . X_L = (8,499\angle -31,8°)(6,2\angle 90°) = 52,6938\angle 58,2°\ V$$

d) Desenhe o Diagrama Fasorial da tensão e corrente:

Figura 5 - Diagrama Fasorial da tensão e corrente.

2.5.2 Exemplo 2.2 - Impedância equivalente em um circuito elétrico

Determine a impedância de entrada do circuito da Figura 6 visto pelo gerador monofásico na frequência de $60\ Hz$. Onde:

$$R_1 = 4,7\ \Omega$$

$$C_1 = 68\ mF$$

$$L_2 = 0,22\ H$$

$$R_3 = 5,6\ \Omega$$

$$C_3 = 12\ mF$$

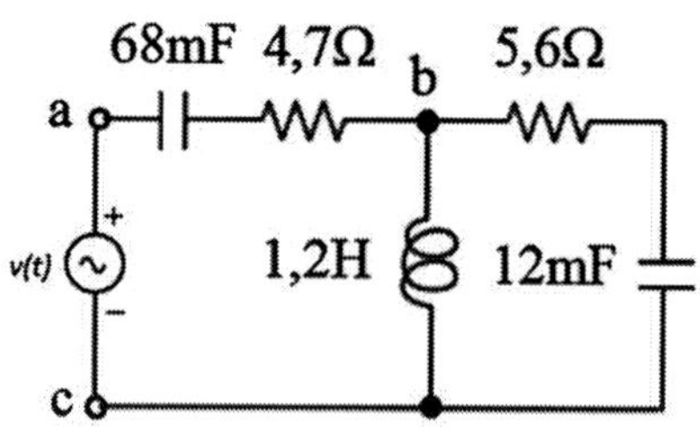

Figura 6 - Circuito elétrico RLC do exemplo 2.2.

Solução:

Definindo como:

$$Z_1 = R_1 - jX_1 = R_1 - j\frac{1}{\omega C_1}$$

$$Z_2 = j\omega L_2$$

$$Z_3 = R_3 - jX_3 = R_3 - j\frac{1}{\omega C_3}$$

Substituindo os valores das grandezas em $\boldsymbol{Z_1}$ temos,

$$\boldsymbol{Z_1 = 4,7 - j\frac{1}{2\pi.60.(68.10^{-3})} = 4,7 - j0,039}\ \Omega$$

Substituindo os valores das grandezas em $\boldsymbol{Z_2}$ temos,

$$\boldsymbol{Z_2 = j2\pi.60.(0,22) = j82,94}\ \Omega$$

Substituindo os valores das grandezas em $\boldsymbol{Z_3}$ temos,

$$\boldsymbol{Z_3 = 5,6 - j\frac{1}{2\pi.60.12.10^{-3}} = 5,6 - j0,22}\ \Omega$$

Transformando $\boldsymbol{Z_1}$ para a forma polar,

$$\boldsymbol{Z_1 = |Z_1|\angle\theta}$$

Onde,

$$\boldsymbol{|Z_1| = \sqrt{4,7^2 + 0,039^2} = 4,7}\ \Omega$$

$$\boldsymbol{\theta_1 = arctg\left(\frac{-0,039}{4,7}\right) = -0,5^\circ}$$

$$\boldsymbol{Z_1 = 4,7\angle -0,5°\ \Omega}$$

Transformando $\boldsymbol{Z_2}$ para a forma polar,

$$\boldsymbol{Z_2 = 82,94\ \angle 90°\ \Omega}$$

Transformando $\boldsymbol{Z_3}$ para a forma polar,

$$\boldsymbol{|Z_3| = \left(\sqrt{5,6^2 + (-0,22)^2}\right)}$$

$$\boldsymbol{\theta_3 = arctg\left(\frac{-0,22}{5,6}\right)}$$

$$\boldsymbol{Z_3 = 5,6\angle -2,2°\ \Omega}$$

Calculando a impedância equivalente,

$$\boldsymbol{Z_{equ} = Z_1 + (Z_2//Z_3)}$$

$$\boldsymbol{Z_2//Z_3 = \frac{Z_2Z_3}{Z_2+Z_3} = \frac{(82,94\angle 90°)(5,6\angle -2,2°)}{j82,94 + 5,6 - j0,22}}$$

$$\boldsymbol{Z_2//Z_3 = \frac{(464,464\angle 87,8°)}{5,6 + j82,72}}$$

Transformando o denominador da equação anterior para a forma polar resulta,

$$\boldsymbol{5,6 + j82,72 = \left(\sqrt{5,6^2 + 82,72^2}\right) = 82,91}$$

$$\boldsymbol{\theta = arctg\left(\frac{82,72}{5,6}\right) = 86,1°}$$

Logo,

$$\mathbf{5,6 + j82,72 = 82,91\angle 86,1°}\ \Omega$$

$$\mathbf{Z_2//Z_3 = \frac{464,464\angle 87,8°}{82,91\angle 86,1°} = 5,6\angle 1,7°}\ \Omega$$

$$\mathbf{Z_2//Z_3 = 5,6\angle 1,7°}\ \Omega$$

Transformando $\mathbf{Z_2//Z_3}$ para a forma retangular,

$$\mathbf{5,6\angle 1,7° = 5,6cos(1,7°) + j5,6sen(1,7°) = 5,6 + j0,17}\ \Omega$$

Logo $\mathbf{Z_{equ}}$ é igual a,

$$\mathbf{Z_{equ} = Z_1 + (Z_2//Z_3)}$$

$$\mathbf{Z_{equ} = (4,7 - j0,039) + (5,6 + j0,17)}\ \Omega$$

$$\mathbf{Z_{equ} = 10,3 + j0,131}\ \Omega$$

Convertendo para a forma polar,

$$\mathbf{\sqrt{10,3^2 + (0,131)^2} = 10,3}$$

$$\mathbf{\theta = arctg\left(\frac{0,131}{10,3}\right) = 0,73°}$$

$$\mathbf{Z_{equ} = 10,3\ \angle 0,73°}\ \Omega$$

2.5.3 Exemplo 2.3

Considere o circuito do exemplo 2.2, conforme Figura 7, onde a fonte de tensão tem uma função temporal definida por:

$$\mathbf{v(t) = 100sen(377t - 35°)}.$$

Pede-se:

a) Calcule as correntes que circulam nas impedâncias $\boldsymbol{Z_1}$, $\boldsymbol{Z_2}$ e $\boldsymbol{Z_3}$ na forma fasorial e temporal.

b) As quedas de tensões nas impedâncias $\boldsymbol{Z_1}$, $\boldsymbol{Z_2}$ e $\boldsymbol{Z_3}$ na forma fasorial e temporal.

c) O valor instantâneo da tensão na entrada, das quedas de tensões e das correntes em $\boldsymbol{t = 5ms}$.

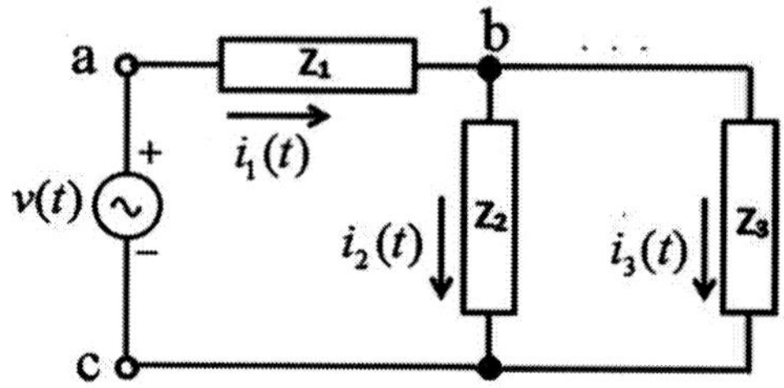

Figura 7 - Impedância equivalente do circuito elétrico RLC do exemplo 2.2.

Solução:

a) Calcule as correntes que circulam nas impedâncias $\boldsymbol{Z_1}$, $\boldsymbol{Z_2}$ e $\boldsymbol{Z_3}$ na forma fasorial e temporal.

$$\bar{V} = |V|\angle\theta_V = \frac{100}{\sqrt{2}}\angle -35° = 70,7\angle -35°\ V$$

$$\bar{I}_1 = \frac{V}{Z_{equ}} = \frac{70,7\angle -35°}{10,3\ \angle 0,73°} = 6,86\angle -35,73°\ A$$

$$\bar{I}_2 = \left(\frac{Z_3}{Z_2 + Z_3}\right)\bar{I}_1 = \left(\frac{5,6 - j0,22}{j82,94\ + 5,6 - j0,22}\right)(6,86\angle -35,73°)$$

$$\bar{I}_2 = \left(\frac{5,6 - j0,22}{5,6 + j82,72}\right)(6,86\angle -35,73°)$$

$$|Z_{13}| = \sqrt{(5,6)^2 + (82,72)^2} = 82,91$$

$$\theta_{13} = arctg\left(\frac{82,72}{5,6}\right) = 86,1°$$

$$\bar{I}_2 = \left(\frac{5,6\angle -2,2°}{82,91\angle 86,1°}\right)(6,86\angle -35,73°)$$

$$\bar{I}_2 = (0,0675\angle -88,3°)(6,86\angle -35,73°)$$

$$\bar{I}_2 = 0,463\angle -124,03° A$$

$$\bar{I}_3 = \left(\frac{Z_2}{Z_2 + Z_3}\right)\bar{I}_1 = \left(\frac{j82,94}{j82,94 + 5,6 - j0,22}\right)(6,86\angle -35,73°)$$

$$\bar{I}_3 = \left(\frac{j82,94}{5,6 + j82,72}\right)(6,86\angle -35,73°)$$

$$\bar{I}_3 = \left(\frac{82,94\angle 90°}{82,91\angle 86,1°}\right)(6,86\angle -35,73°)$$

$$\bar{I}_3 = (1\angle 3,9°)(6,86\angle -35,73°) = 6,86\angle -31,83° A$$

Na forma temporal:

$$\bar{I}_1 = 6,86\angle -35,73° A$$

$$i_1(t) = 6,86\sqrt{2}sen(377t - 35,73°) = 9,7sen(377t - 35,73°) A$$

$$\bar{I}_2 = 0,463\angle -124,03° A$$

$$i_2(t) = 0,463\sqrt{2}sen(377t - 124,03°)$$

$$i_2(t) = 0,655sen(377t - 124,03°) A$$

$$\bar{I}_3 = 6,86\angle -31,83° A$$

$$i_3(t) = 6,86\sqrt{2}sen(377t - 31,83°) = 9,7sen(377t - 31,83°) A$$

b) As quedas de tensões nas impedâncias $\boldsymbol{Z_1}$, $\boldsymbol{Z_2}$ e $\boldsymbol{Z_3}$ na forma fasorial e temporal.

Forma fasorial:

$$\Delta\overline{V}_1 = \overline{I}_1 Z_1 = (6,86\angle -35,73^\circ)(4,7\angle -0,5^\circ)$$

$$\Delta\overline{V}_1 = 32,242\angle -36,23^\circ\ V$$

$$\Delta\overline{V}_2 = \overline{I}_2 Z_2 = (0,463\angle -124,03^\circ)(82,94\ \angle 90^\circ)$$

$$\Delta\overline{V}_2 = 38,4\angle -34,03^\circ\ V$$

$$\Delta\overline{V}_3 = \overline{I}_3 Z_3 = (6,86\angle -31,83^\circ)(5,6\angle -2,2^\circ)$$

$$\Delta\overline{V}_3 = 38,4\angle -34,03^\circ\ V$$

Forma temporal:

$$\Delta v_1(t) = (32,242)\sqrt{2}sen(377t - 36,23^\circ)$$

$$\Delta v_1(t) = 45,6sen(377t - 36,23^\circ)\ V$$

$$\Delta v_2(t) = (38,4)\sqrt{2}sen(377t - 34,03^\circ)$$

$$\Delta v_2(t) = 54,3sen(377t - 34,03^\circ)\ V$$

$$\Delta v_3(t) = \Delta v_2(t) = 54,3sen(377t - 34,03^\circ)\ V$$

c) O valor instantâneo da tensão na entrada, das quedas de tensões e das correntes em $\boldsymbol{t = 5ms}$.

Convertendo os ângulos das fases das quedas de tensões para radianos.

$$\begin{cases} 180^\circ \to \pi \\ 35^\circ \to \theta_v \end{cases}$$

$$\theta_v = \frac{35\pi}{180} = 0,1944\pi$$

$$\begin{cases} 180° \rightarrow \pi \\ 36,23° \rightarrow \theta_1 \end{cases}$$

$$\theta_1 = \frac{36,23\pi}{180} = 0,2013\pi$$

$$\begin{cases} 180° \rightarrow \pi \\ 34,03° \rightarrow \theta_2 \end{cases}$$

$$\theta_3 = \theta_2 = \frac{34,03\pi}{180} = 0,1891\pi$$

Tensões instantâneas em $t = 5ms$:

$$v(t) = 100sen(377t - 0,1944\pi)$$

$$v(t) = 100sen(377.5.10^{-3} - 0,1944\pi)$$

$$v(t) = 100sen(1,2743) = 95,6\ V$$

$$\Delta v_1(t) = 45,6sen(377t - 0,2013\pi)$$

$$\Delta v_1(t) = 45,6sen\left(377.5.10^{-3} - 0,2013\pi\right)$$

$$\Delta v_1(t) = 45,6sen(1,2526) = 43,31\ V$$

$$\Delta v_2(t) = 54,3sen(377t - 0,1891\pi)$$

$$\Delta v_2(t) = 54,3sen\left(377.5.10^{-3} - 0,1891\pi\right)$$

$$\Delta v_3(t) = \Delta v_2(t) = 54,3sen(1,2909) = 52,19\ V$$

Convertendo os ângulos das fases das correntes para radianos.

$$\begin{cases} 180° \rightarrow \pi \\ 35,73° \rightarrow \theta_1 \end{cases}$$

$$\theta_1 = \frac{35,73\pi}{180} = 0,1985\pi$$

$$\begin{cases} 180° \rightarrow \pi \\ 124,03° \rightarrow \theta_2 \end{cases}$$

$$\theta_2 = \frac{124,03\pi}{180} = 0,6891\pi$$

$$\begin{cases} 180° \rightarrow \pi \\ 31,83° \rightarrow \theta_3 \end{cases}$$

$$\theta_3 = \frac{31,83\pi}{180} = 0,1768\pi$$

Correntes instantâneas em $t = 5ms$:

$$i_1(t) = 9,7sen(377t - 0,1985\pi)$$

$$i_1(t) = 9,7sen(377.5.10^{-3} - 0,1985\pi)$$

$$i_1(t) = 9,7sen(1,2614) = 9,24\ A$$

$$i_2(t) = 0,655sen(377.5.10^{-3} - 0,6891\pi)$$

$$i_2(t) = 0,655sen(-0,2799) = -0,18\ A$$

$$i_3(t) = 9,7sen(377t - 0,1768\pi)$$

$$i_3(t) = 9,7sen(377.5.10^{-3} - 0,1768\pi)$$

$$i_3(t) = 9,7sen(1,3296) = 9,42\ A$$

2.6 Definição de Admitância

De forma análoga ao que foi feito anteriormente, uma admitância pode ser definida por:

$$Y = \frac{\bar{I}}{\bar{V}} \tag{2.52}$$

$$Y = \frac{1}{Z} \tag{2.53}$$

Em circuitos com **N** impedâncias em paralelo, Figura 8, temos,

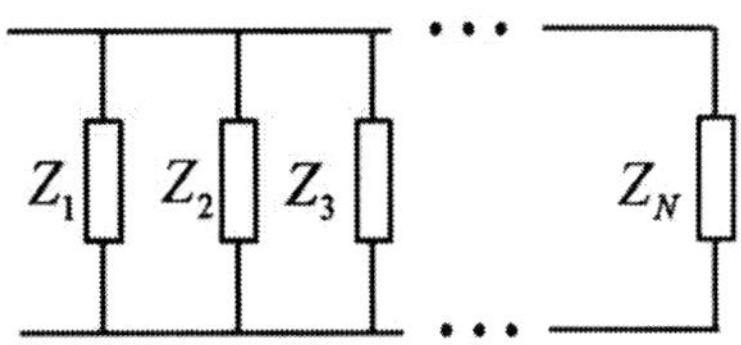

Figura 8 - Circuito elétrico com N ramos de impedâncias em paralelo.

$$\frac{1}{Z_{equ}} = \frac{1}{Z_1} + \frac{1}{Z_2} + \frac{1}{Z_3} + \cdots + \frac{1}{Z_N} \tag{2.54}$$

$$Y_{equ} = \frac{1}{Z_{equ}} \tag{2.55}$$

Isolando Z_{equ} em (2.54) e substituindo em (2.55),

$$Y_{equ} = \frac{1}{\dfrac{1}{\dfrac{1}{Z_1} + \dfrac{1}{Z_2} + \dfrac{1}{Z_3} + \cdots + \dfrac{1}{Z_N}}} \tag{2.56}$$

Aplicando a definição (2.53) no denominador de (2.56),

$$Y_{equ} = \frac{1}{\dfrac{1}{Y_1 + Y_2 + Y_3 + \cdots + Y_N}} \tag{2.57}$$

Resulta em,

$$Y_{equ} = Y_1 + Y_2 + Y_3 + \cdots + Y_N \tag{2.58}$$

A admitância pode ser escrita da seguinte forma,

$$Y = G + jB \tag{2.59}$$

Onde

$G \rightarrow$ é denominada de Condutância, ou seja,

$$G = \Re e[Y]$$

$B \rightarrow$ é denominada de Susceptância, ou seja,

$$B = Im[Y]$$

Sendo assim (2.53),

$$Y = \frac{1}{Z}$$

Resulta em,

$$G + jB = \frac{1}{R + jX} \tag{2.60}$$

Multiplicando o dividendo e o divisor no segundo membro da equação (2.60) pelo conjugado do divisor, temos,

$$G + jB = \frac{1}{R + jX}\frac{(R - jX)}{(R - jX)} = \frac{R - jX}{RR + jRX - jRX - j^2X^2}$$

$$G + jB = \frac{R - jX}{R^2 + X^2} \tag{2.61}$$

Desmembrando os termos da fração no segundo membro da equação (2.61),

$$G + jB = \frac{R}{R^2 + X^2} + j\frac{-X}{R^2 + X^2}$$

Portanto,

$$G = \frac{R}{R^2 + X^2} \tag{2.62}$$

$$B = \frac{-X}{R^2 + X^2} \tag{2.63}$$

Atentar que a admitância Y também não é um fasor e sim um número complexo que relaciona um fasor de corrente $\bar{I}$ com um fasor de tensão $\bar{V}$. A resistência R e a condutância G não são recíprocas e a reatância X e a susceptância B também não recíprocos.

2.6.1 Exemplo 2.3 - Admitância Equivalente em um circuito elétrico

Seja o circuito da Figura 9 com quatro ramos em paralelo. Determine:

a) A admitância equivalente de entrada;

b) A corrente de cada ramo;

c) A corrente total;

d) A impedância equivalente.

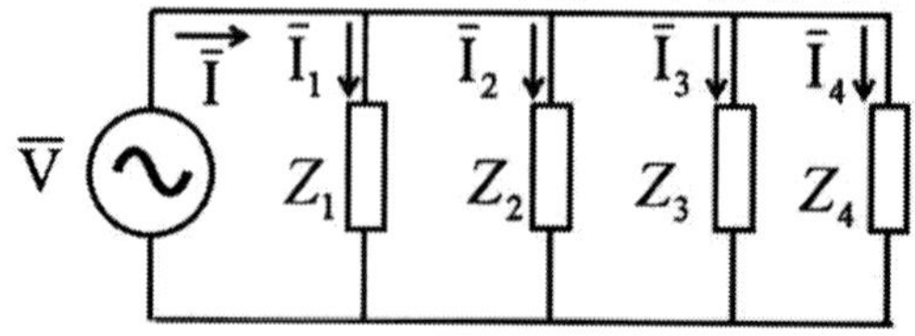

Figura 9 - Circuito elétrico com quatro ramos de impedância distintos em paralelo.

Dados:

$$v(t) = 311,1sen(377t + 0°)\ V$$

$$Z_1 = 3 + j12\ \Omega$$

$$Z_2 = 12\ \Omega$$

$$Z_3 = 8 + j3\ \Omega$$

$$Z_4 = j6\ \Omega$$

Solução:

a) A admitância equivalente de entrada;

Cálculo da admitância Y_1:

$$Y_1 = \frac{1}{Z_1} = \frac{1}{3 + j12} = 0,0196 - j0,0784\ S$$

$$Y_1 = 0,0808\angle - 76°\ S$$

Cálculo da admitância Y_2:

$$\boldsymbol{Y_2 = \frac{1}{Z_2} = \frac{1}{12} = 0,0833\ S}$$

$$\boldsymbol{Y_2 = 0,0833\angle 0^\circ\ S}$$

Cálculo da admitância $\boldsymbol{Y_3}$:

$$\boldsymbol{Y_3 = \frac{1}{Z_3} = \frac{1}{8 + j3} = 0,11 - j0,0411\ S}$$

$$\boldsymbol{Y_3 = 0,117\angle - 20,5^\circ\ S}$$

Cálculo da admitância $\boldsymbol{Y_4}$:

$$\boldsymbol{Y_4 = \frac{1}{Z_4} = \frac{1}{j6} = -j0,1667\ S}$$

$$\boldsymbol{Y_4 = 0,1667\angle - 90^\circ\ S}$$

Logo a admitância equivalente de entrada é:

$$\boldsymbol{Y_{equ} = Y_1 + Y_2 + Y_3 + Y_4}$$

$$\boldsymbol{Y_{equ} = (0,0196 - j0,0784) + (0,0833\ ) + (0,11 - j0,0411) +}$$

$$\boldsymbol{+(0 - j0,1667)}$$

$$\boldsymbol{Y_{equ} = 0,2129 - j0,2862\ S}$$

Na forma polar:

$$\boldsymbol{Y_{equ} = 0,3567\angle - 53,4^\circ\ S}$$

b) A corrente de cada ramo;

$$\overline{V} = V\angle\theta_v = \frac{\mathbf{311,1}}{\sqrt{2}}\angle\mathbf{0^\circ} = \mathbf{220\angle0^\circ}\ V$$

$$\overline{I}_1 = \overline{V}Y_1 = (\mathbf{220\angle0^\circ})(\mathbf{0,0808\angle-76^\circ}) = \mathbf{17,776\angle-76^\circ}\ A$$

$$\overline{I}_2 = \overline{V}Y_2 = (\mathbf{220\angle0^\circ})(\mathbf{0,0833\angle0^\circ}) = \mathbf{18,326\angle0^\circ}\ A$$

$$\overline{I}_3 = \overline{V}Y_3 = (\mathbf{220\angle0^\circ})(\mathbf{0,117\angle-20,5^\circ}) = \mathbf{25,74\angle-20,5^\circ}\ A$$

$$\overline{I_4} = \overline{V}Y_4 = (\mathbf{220\angle0^\circ})(\mathbf{0,1667\angle-90^\circ}) = \mathbf{36,674\angle-90^\circ}\ A$$

c) A corrente total.

$$\overline{I} = \overline{V}Y_{equ} = (\mathbf{220\angle0^\circ})(\mathbf{0,3567\angle-53,4^\circ}) = \mathbf{78,474\angle-53,4^\circ}\ A$$

d) A impedância equivalente.

$$Z_{equ} = \frac{\mathbf{1}}{Y_{equ}} = \frac{\mathbf{1}}{\mathbf{0,3567\angle-53,4^\circ}} = \mathbf{2,8035\angle53,4^\circ}\ \Omega$$

Na forma retangular,

$$Z_{equ} = \mathbf{1,6715} + \boldsymbol{j}\mathbf{2,2507}\ \Omega$$

2.6.2 Exemplo 2.4

Seja o circuito **RLC** com três ramos de impedâncias em paralelo alimentado por um gerador monofásico conforme mostrado na Figura 10:

Dados:

$$\boldsymbol{Z_1} = \mathbf{0,8}\ \Omega$$

$$\boldsymbol{Z_2} = \mathbf{2,6} + \boldsymbol{j}\mathbf{1,5}\ \Omega$$

$$\boldsymbol{Z_3} = \mathbf{1,4} - \boldsymbol{j}\ \Omega$$

$$\boldsymbol{i(t)} = \mathbf{1085,41}\boldsymbol{sen(\omega t} + \mathbf{90^\circ})$$

Pede-se:

a) O fasor da corrente de entrada e das quedas de tensão nas cargas.

b) Os fasores das correntes que circulam nas cargas.

c) A tensão **RMS** medida pelo voltímetro.

d) A função temporal da tensão e das correntes em $\mathbf{60\ Hz}$.

e) As correntes instantâneas em $\boldsymbol{t = 10ms}$.

f) Mostrar analiticamente que em $\boldsymbol{2ms}$, $\boldsymbol{i(t) = i_1(t) + i_2(t) + i_3(t)}$.

g) O diagrama fasorial da tensão e das correntes.

h) O diagrama temporal das correntes.

i) Mostrar fasorialmente que $\boldsymbol{\bar{I} = \bar{I}_1 + \bar{I}_2 + \bar{I}_2}$.

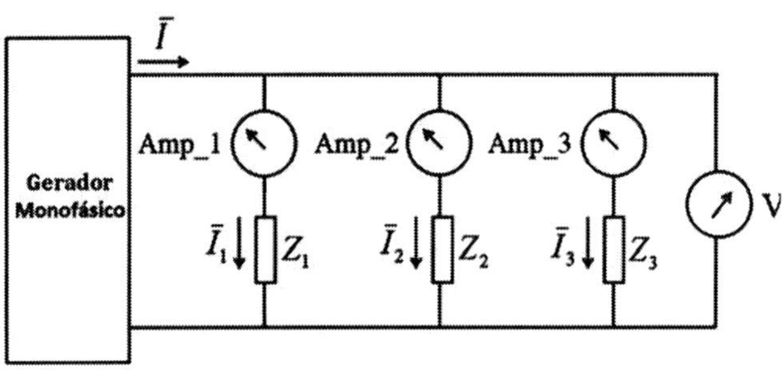

Figura 10 - Circuito RLC com três ramos de impedâncias distintos em paralelo.

Solução:

a) O fasor da corrente de entrada e das quedas de tensão nas cargas.

Calculando a impedância equivalente:

$$\frac{\mathbf{1}}{\boldsymbol{Z_{equ}}} = \frac{\mathbf{1}}{\boldsymbol{Z_1}} + \frac{\mathbf{1}}{\boldsymbol{Z_2}} + \frac{\mathbf{1}}{\boldsymbol{Z_3}}$$

$$\frac{1}{Z_{equ}} = \frac{1}{0,8} + \frac{1}{(2,6 + j1,5)} + \frac{1}{(1,4 - j)}$$

$$\frac{1}{Z_{equ}} = 1,25 + (0,2886 - j0,1665) + (0,4730 + j0,3378)$$

$$\frac{1}{Z_{equ}} = 2,0116 + j\,0,1713$$

$$Z_{equ} = 0,4935 - j0,0420$$

A impedância na forma polar:

$$|Z_{equ}| = \sqrt{0,4935^2 + (-0,0420)^2} = 0,4953$$

$$\theta_{equ} = arctg\left(\frac{-0,0420}{0,4935}\right) = -4,9^\circ$$

$$Z_{equ} = 0,4953\angle - 4,9^\circ\ \Omega$$

Calculando o fasor da corrente de entrada e da tensão nas cargas:

$$\bar{I} = \frac{1085,41}{\sqrt{2}}\angle 90^\circ = 767,5\angle 90^\circ\ A$$

$$\bar{V} = \bar{I}Z_{equ} = (767,5\angle 90^\circ)(0,4953\angle - 4,9^\circ) = 380\angle 85,1^\circ\ V$$

b) Os fasores das correntes que circulam nas cargas.

$$\bar{I_1} = \frac{\bar{V}}{Z_1} = \frac{380\angle 85,1^\circ}{0,8\angle 0^\circ} = 475\angle 85,1^\circ\ A$$

$$\bar{I_2} = \frac{\bar{V}}{Z_2} = \frac{380\angle 85,1^\circ}{2,6 + j1,5} = \frac{380\angle 85,1^\circ}{3,0\angle 30^\circ} = 126,7\angle 55,1^\circ A$$

Onde $\boldsymbol{Z_2}$ na forma polar:

$$|\boldsymbol{Z_2}| = \sqrt{\boldsymbol{2,6^2 + 1,5^2}} = \boldsymbol{3,0}\ \Omega$$

$$\boldsymbol{\theta_2 = arctg\left(\frac{1,5}{2,6}\right) = 30^\circ}$$

$$\boldsymbol{\bar{I}_3 = \frac{\bar{V}}{Z_3} = \frac{380\angle 85,1^\circ}{1,4 - j} = \frac{380\angle 85,1^\circ}{1,72\angle - 35,5^\circ} = 220,9\angle 120,6^\circ A}$$

Onde $\boldsymbol{Z_3}$ na forma polar:

$$|\boldsymbol{Z_3}| = \sqrt{\boldsymbol{1,4^2 + (-1,0)^2}} = \boldsymbol{1,72}\ \Omega$$

$$\boldsymbol{\theta_3 = arctg\left(\frac{-1,0}{1,4}\right) = -35,5^\circ}$$

c) A tensão **RMS** medida pelo voltímetro.

$$\boldsymbol{V = 380\ V}$$

d) A função temporal da tensão e das correntes em $\boldsymbol{60\ Hz}$.

Convertendo as fases das correntes de graus para radianos:

$$\boldsymbol{\begin{cases} 180^\circ \to \pi \\ 85,1^\circ \to \theta_1 \end{cases}}$$

$$\boldsymbol{\theta_1 = \frac{85,1\pi}{180} = 0,4728\pi}$$

$$\boldsymbol{\begin{cases} 180^\circ \to \pi \\ 55,1^\circ \to \theta_2 \end{cases}}$$

$$\boldsymbol{\theta_2 = \frac{55,1\pi}{180} = 0,3061\pi}$$

$$\boldsymbol{\begin{cases} 180^\circ \to \pi \\ 120,6^\circ \to \theta_3 \end{cases}}$$

$$\theta_3 = \frac{120,6\pi}{180} = 0,67\pi$$

$$\theta_v = \theta_1$$

$$\omega = 2\pi f = 2\pi(60) = 377\frac{rad}{s}$$

$$v(t) = V_{máx}sen(\omega t + \theta_v) = 380\sqrt{2}sen(377t + 0,47\pi)$$

$$v(t) = 537,4sen(377t + 0,4728\pi)$$

$$i_1(t) = I_{1\_máx}sen(\omega t + \theta_1) = 475\sqrt{2}sen(377t + 0,4728\pi)\ A$$

$$i_1(t) = 671,8sen(377t + 0,4728\pi)\ A$$

$$i_2(t) = I_{2\_máx}sen(\omega t + \theta_2) = 126,7\sqrt{2}sen(377t + 0,3061\pi)\ A$$

$$i_2(t) = 179,2sen(377t + 0,3061\pi)\ A$$

$$i_3(t) = I_{3\_máx}sen(\omega t + \theta_3) = 220,9\sqrt{2}sen(377t + 0,67\pi)\ A$$

$$i_3(t) = 312,4sen(377t + 0,67\pi)$$

e) As correntes instantâneas em $t = 2ms$.

Cálculo de $i_1(t)$ em $t = 2ms$:

$$i_1(t) = 671,8sen(377t + 0,4728\pi)$$

$$i_1(2ms) = 671,8sen\left(377.2.10^{-3} + 0,4728\pi\right)$$

$$i_1(2ms) = 671,8sen(2,2393)$$

$$i_1(2ms) = 527\ A$$

Cálculo de $i_2(t)$ em $t = 2ms$:

$$i_2(t) = 179,2sen(377t + 0,3061\pi)$$

$$i_2(2ms) = 179,2sen\left(377.2.10^{-3} + 0,3061\pi\right)$$

$$i_2(2ms) = 179,2sen(1,7156)$$

$$i_2(2ms) = 177\ A$$

Cálculo de $i_3(t)$ em $t = 2ms$:

$$i_3(t) = 312,4sen(377t + 0,67\pi)$$

$$i_3(2ms) = 312,4sen\left(377.2.10^{-3} + 0,67\pi\right)$$

$$i_3(2ms) = 312,4sen(2,8589)$$

$$i_3(2ms) = 312,4sen(2,8589) = 87\ A$$

Cálculo de $i(t)$ em $t = 2ms$:

$$i(t) = 1085,4sen\left(377t + \frac{\pi}{2}\right)$$

$$i(2ms) = 1085,4sen\left(377.2.10^{-3} + \frac{\pi}{2}\right)$$

$$i(2ms) = 1085,4sen(2,3248)$$

$$i(2ms) = 791\ A$$

f) Mostrar analiticamente que em $2ms$, $i(t) = i_1(t) + i_2(t) + i_3(t)$.

$$i(2ms) = i_1(2ms) + i_2(2ms) + i_3(2ms)$$

$$i(2ms) = 527 + 177 + 87 = 791\ A$$

g) O diagrama fasorial da tensão e das correntes.

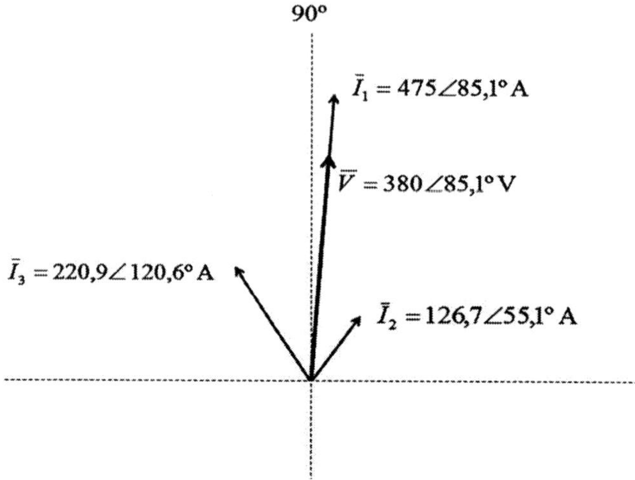

Figura 11 - Diagrama Fasorial da tensão e correntes do exemplo 2.4.

h) O diagrama temporal das correntes.

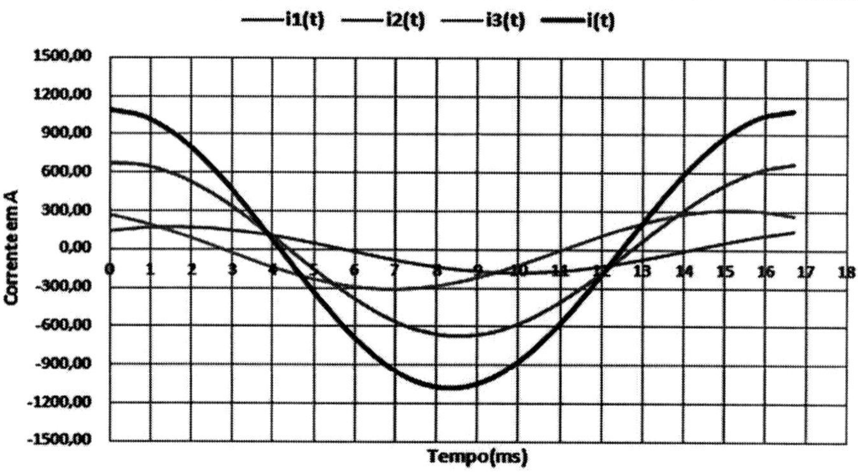

Figura 12 - Diagrama temporal das correntes do exemplo 2.4.

i) Mostrar fasorialmente que $\bar{\boldsymbol{I}} = \bar{\boldsymbol{I}}_1 + \bar{\boldsymbol{I}}_2 + \bar{\boldsymbol{I}}_2$.

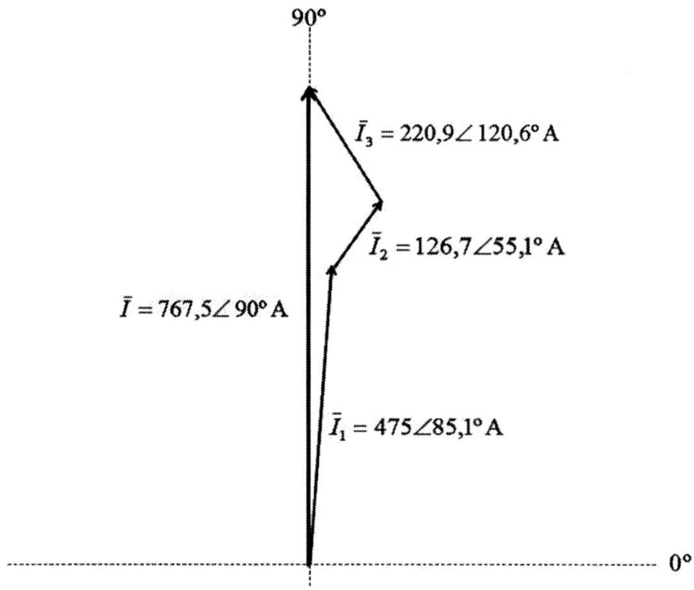

Figura 13 - Diagrama Fasorial da soma das correntes do exemplo 2.4.

2.6.3 Exercícios de Fixação

1. Seja o circuito abaixo:

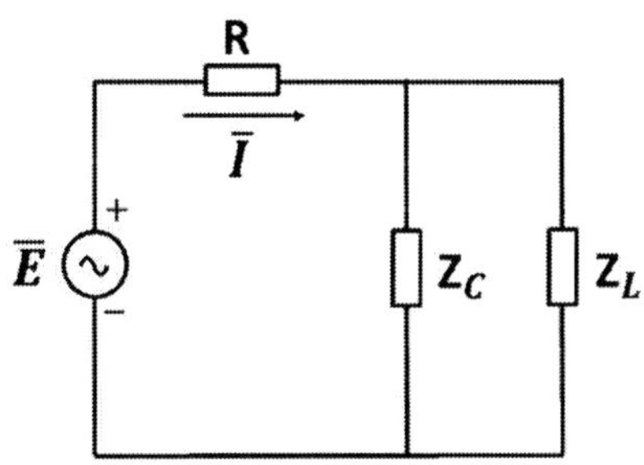

Figura 14 - Circuito referente à questão 1 do Exercício de Fixação 2.6.2.

Onde:

$$e(t) = 254sen(\omega t + 10°)$$

$$R = 125\ \Omega$$

$$Z_C = -j50\ \Omega$$

$$Z_L = j100\ \Omega$$

Pede-se:

a) A impedância equivalente na forma retangular e polar.

b) As correntes que circulam no circuito na forma fasorial e temporal.

c) A queda de tensão na resistência e nas impedâncias em paralelo.

d) A função temporal das tensões e das correntes em $60Hz$.

e) As tensões e as correntes instantâneas em $t = 4,0ms$.

f) O Diagrama fasorial da tensão e da corrente, mostrando a diferença angular entre eles.

2. Dado o circuito abaixo:

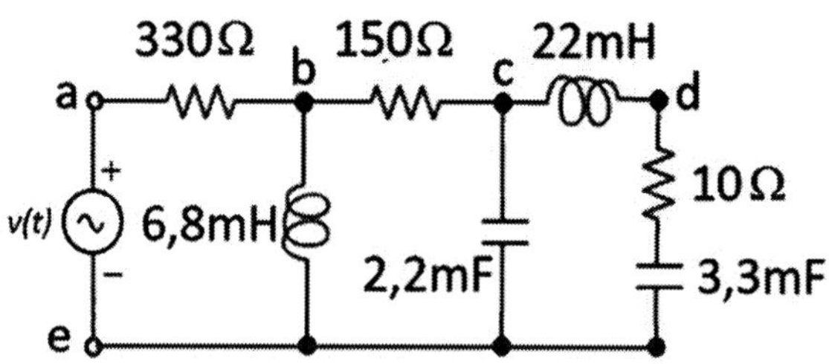

Figura 15 - Circuito referente à questão 2 do Exercício de Fixação 2.6.2.

Pede-se:

a) A impedância vista pela fonte $\boldsymbol{v(t)}$ nos terminais "$\boldsymbol{ae}$" na frequência de $\boldsymbol{60Hz}$.

b) A fonte de tensão nos terminais "$\boldsymbol{ae}$", Figura 15, tem uma função temporal definida por $\boldsymbol{v(t) = 180sen(377t - 30°)}$. Encontre todas as correntes na forma fasorial e temporal.

c) Calcule as quedas de tensão na forma fasorial e temporal em todos os ramos do circuito.

Capítulo 3

Teoremas empregados em análises de circuitos elétricos

3.1 Introdução

Neste capítulo abordaremos alguns dos principais teoremas utilizados na análise de circuitos elétricos. A utilização destes teoremas facilita e simplifica a análise de circuitos. Os teoremas a serem estudados e exemplificados são: **Teorema de Thévenin**, **Teorema de Norton**, **Teorema da Superposição**, **Teorema de Millman**, **Teorema da máxima transferência de potência e o Teorema de Kennelly**.

3.2 Teorema de Thévenin

Leon Charles Thévenin (1857-1927), Engenheiro Telegráfico, Oficial e Educador publicou em 1883 em uma revista científica francesa, ***Journal of Physics*** o seguinte teorema (Origem: Wikipédia, a enciclopédia livre):
"Qualquer rede linear ativa pode ser substituída por uma única fonte de tensão V_{Th} em série com uma impedância Z_{Th}".

O teorema de Thévenin descreve que qualquer circuito linear a montante dos terminais **AB**, Figura 1, pode ser substituído por um circuito com dois elementos apenas, constituído de uma fonte de tensão, que denotaremos por $\boldsymbol{V_{Th}}$ e com impedância interna em série, que denotaremos por $\boldsymbol{Z_{Th}}$.

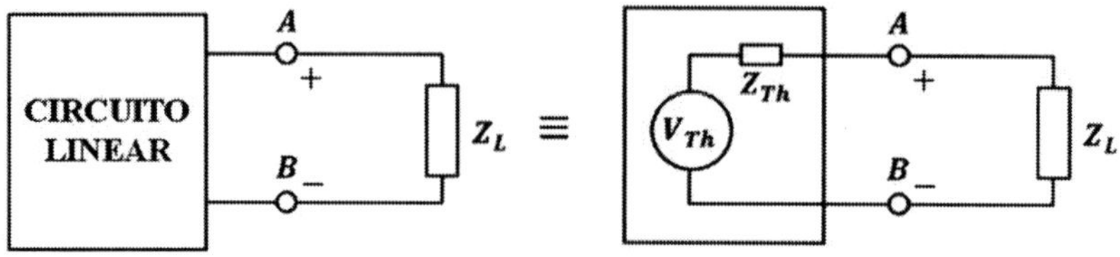

Figura 1 - O teorema de Thévenin.

As redes apresentadas na Figura 1 são equivalentes. Para determinar a tensão nos terminais **AB** do circuito a montante, vamos supor a priori que $\boldsymbol{Z_L}$ seja infinita, ou seja, fisicamente a carga $\boldsymbol{Z_L}$ é desconectada dos terminais **AB**. Com $\boldsymbol{Z_L}$ infinita a corrente $\boldsymbol{I_L}$ na carga é igual a zero, portanto, temos na saída uma tensão que denominaremos de tensão de circuito aberto. Esta tensão é denominada tensão de Thévenin e é igual à tensão $\boldsymbol{V_{Th}}$, ou seja,

$$\boldsymbol{V_{Th} = V_{AB\_circuito\_aberto}} \quad (3.1)$$

Para determinar a impedância de Thévenin, vamos considerar que as fontes da rede linear do circuito a montante dos terminais **AB** sejam todas independentes. Substituindo as fontes de tensão por curto-circuito, se forem fontes de correntes serão substituídas por circuito aberto, a impedância equivalente vista dos terminais **AB** é denominada de impedância equivalente de Thévenin, e denotada por $\boldsymbol{Z_{Th}}$.

Outro método para determinar a impedância equivalente de Thévenin é curto-circuitando os terminais **AB** da rede linear, ou seja, tornando $\boldsymbol{Z_L = 0}$ e medindo a corrente de curto-circuito, denotada por $\boldsymbol{\bar{I}_{AB\_curtocircuito}}$. A relação (3.2) é a impedância equivalente de Thévenin.

$$\boldsymbol{Z_{Th} = \frac{V_{Th}}{\bar{I}_{AB\_curtocircuito}}} \quad (3.2)$$

3.2.1 Exemplo 3.1

Seja a rede elétrica da Figura 2. Determine as correntes utilizando método da análise das malhas.

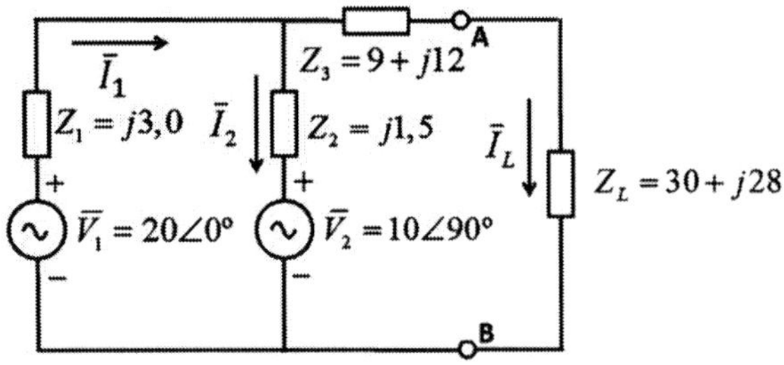

Figura 2 - Circuito elétrico do exemplo 3.1.

Aplicando o método das malhas no circuito da Figura 2, temos:

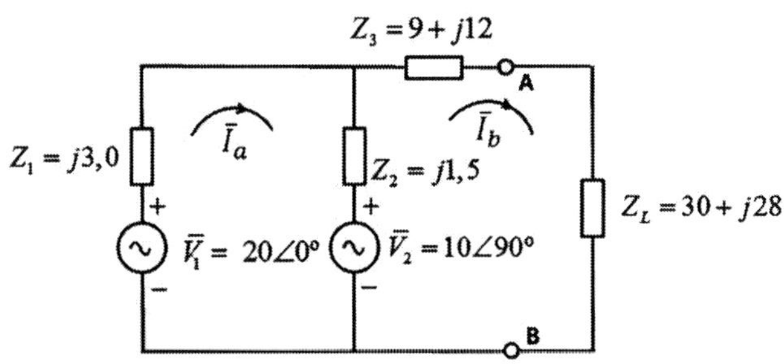

Figura 3 - Arbitrando o sentido das correntes nas malhas do circuito da Figura 2.

Pela Lei de Kirchhoff das tensões na malha "$\boldsymbol{a}$" e na malha "$\boldsymbol{b}$" temos que:

$$\bar{V}_1 - \bar{I}_a Z_1 - (\bar{I}_a - \bar{I}_b) Z_2 - \bar{V}_2 = 0$$

$$\bar{V}_2 - (\bar{I}_b - \bar{I}_a) Z_2 - \bar{I}_b (Z_3 + Z_L) = 0$$

Rearranjando as equações,

$$\bar{V}_1 - \bar{I}_a Z_1 - \bar{I}_a Z_2 + \bar{I}_b Z_2 - \bar{V}_2 = 0$$

$$\bar{V}_2 - \bar{I}_b Z_2 + \bar{I}_a Z_2 - \bar{I}_b Z_3 - \bar{I}_b Z_L = 0$$

Agrupando as impedâncias,

$$\bar{V}_1 - \bar{I}_a (Z_1 + Z_2) + \bar{I}_b Z_2 - \bar{V}_2 = 0$$

$$\bar{V}_2 + \bar{I}_a Z_2 - (Z_2 + Z_3 + Z_L)\bar{I}_b = 0$$

Isolando as tensões,

$$\bar{V}_1 - \bar{V}_2 = \bar{I}_a (Z_1 + Z_2) - \bar{I}_b Z_2$$

$$\bar{V}_2 = -\bar{I}_a Z_2 + (Z_2 + Z_3 + Z_L)\bar{I}_b$$

Colocando o sistema de equações na forma matricial, temos:

$$\begin{vmatrix} \bar{V}_1 - \bar{V}_2 \\ \bar{V}_2 \end{vmatrix} = \begin{vmatrix} (Z_1 + Z_2) & -Z_2 \\ -Z_2 & (Z_2 + Z_3 + Z_L) \end{vmatrix} \begin{vmatrix} \bar{I}_a \\ \bar{I}_b \end{vmatrix}$$

Podemos escrever a equação matricial na forma reduzida, ou seja:

$$\bar{V} = Z.\bar{I}$$

Onde:

$$\bar{V} = \begin{vmatrix} \bar{V}_1 - \bar{V}_2 \\ \bar{V}_2 \end{vmatrix}$$

$$Z = \begin{vmatrix} (Z_1 + Z_2) & -Z_2 \\ -Z_2 & (Z_2 + Z_3 + Z_L) \end{vmatrix}$$

$$\bar{I} = \begin{vmatrix} \bar{I}_a \\ \bar{I}_b \end{vmatrix}$$

Para calcularmos as correntes é preciso encontrar a matriz inversa da matriz de impedância. Logo,

$$\bar{I} = Z^{-1}.\bar{V}$$

Reescrevendo a equação anterior na forma matricial novamente, temos:

$$\begin{vmatrix} \bar{I}_a \\ \bar{I}_b \end{vmatrix} = \begin{vmatrix} (Z_1 + Z_2) & -Z_2 \\ -Z_2 & (Z_2 + Z_3 + Z_L) \end{vmatrix}^{-1} \begin{vmatrix} \bar{V}_1 - \bar{V}_2 \\ \bar{V}_2 \end{vmatrix}$$

Onde,

$$Z_1 + Z_2 = j3,0 + j1,5 = j4,5$$

$$Z_2 + Z_3 + Z_L = (j1,5) + (9,0 + j12) + (30 + j28) = 39 + j41,5$$

$$\bar{V}_1 = 20\angle 0^\circ$$

$$\bar{V}_2 = 10\angle 90^\circ = j10$$

Substituindo na equação matricial,

$$\begin{vmatrix} \bar{I}_a \\ \bar{I}_b \end{vmatrix} = \begin{vmatrix} j4,5 & -j1,5 \\ -j1,5 & 39 + j41,5 \end{vmatrix}^{-1} \begin{vmatrix} 20 - j10 \\ j10 \end{vmatrix}$$

Calculando as correntes $\bar{I}_a$ e $\bar{I}_b$ utilizando o software Scilab. O Scilab é um software científico para computação numérica que se assemelha muito ao software Matlab. É uma ferramenta computacional poderosa e aberta para estudos e aplicações científicas e foi desenvolvido no início da década de 90 por pesquisadores do INRIA (Institut National de Recherche en Informatique et en Automatique) e do ENPC (École Nationale des Ponts et Chaussées). Atualmente este software é mantido e desenvolvido pelo Scilab Enterprises e é distribuído gratuitamente via internet. Origem: Wikipédia, a enciclopédia livre. Recomendo visitar o site oficial do Scilab: https://www.scilab.org. O manual oficial em português do Scilab pode ser obtido no site: https://www.help.scilab.org/docs/6.0.1/pt_BR/index.html.

Na Figura 4, são exibidos os passos do cálculo das correntes $\bar{I}_a$ e $\bar{I}_b$ utilizando o software **Scilab versão 6.01**.

```
Execução de iniciação:
  carregando o ambiente inicial

--> //Cálculo das correntes Ia e Ib

--> //Matriz de Impedâncias

--> Z=[%i*4.5 -%i*1.5;-%i*1.5 39+%i*41.5]
 Z  =

   4.5i   -1.5i
  -1.5i    39. + 41.5i

--> //Vetor das tensões

--> V=[20-%i*10; %i*10]
 V  =

   20. - 10.i
   10.i
--> //Cálculo da Matriz Inverva de Z

--> IZ=inv(Z)
 IZ  =

   0.0013533 - 0.2236449i   0.00406 - 0.0042682i
   0.00406 - 0.0042682i     0.0121799 - 0.0128045i

--> //Cálculo das correntes Ia e Ib

--> I=IZ*V
 I  =

  -2.1667014 - 4.4458325i
   0.1665626 - 0.0041641i
```

Figura 4 - Cálculo das correntes nas malhas do circuito da Figura 3 utilizando o Scilab 6.01.

$$\bar{I}_a = -2,1667014 - j4,4458325$$

$$\bar{I}_b = 0,1665626 - j0,0041641$$

Convertendo as correntes para a forma polar,

$$\bar{I}_a = 5\angle -116° \, A$$

$$\bar{I}_b = 0,17\angle -1,4° \, A$$

Logo,

$$\bar{I}_1 = \bar{I}_a = 5\angle -116° \, A$$

$$\bar{I}_L = \bar{I}_b = 0,17\angle -1,4° \, A$$

$$\bar{I}_2 = \bar{I}_1 - \bar{I}_L = 5\angle -116° - 0,17\angle 1,4° = 5,1\angle -118,7° \, A$$

3.2.2 Exemplo 3.2

Utilizando a mesma rede do exemplo 3.1 determine o circuito equivalente de Thévenin para o circuito a montante dos terminais indicados **AB** e calcule as correntes que circulam na carga $\boldsymbol{Z_L}$ e em $\boldsymbol{Z_2}$. Compare as correntes obtidas com as correntes calculadas pelo método da análise das malhas.

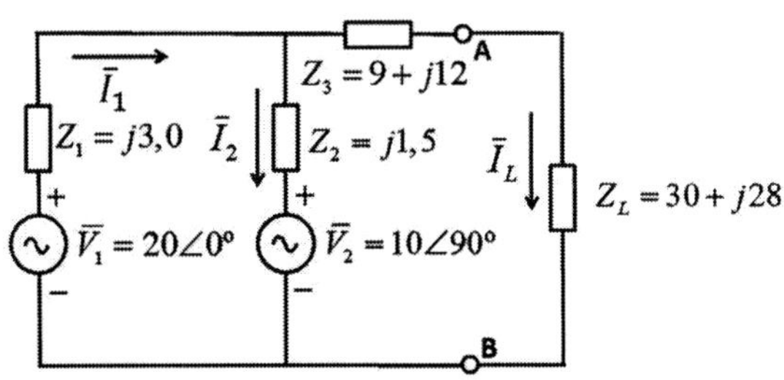

Figura 5 - Circuito elétrico do exemplo 3.2.

Solução:

Retirando a impedância de carga dos terminais **AB** na Figura 5, temos:

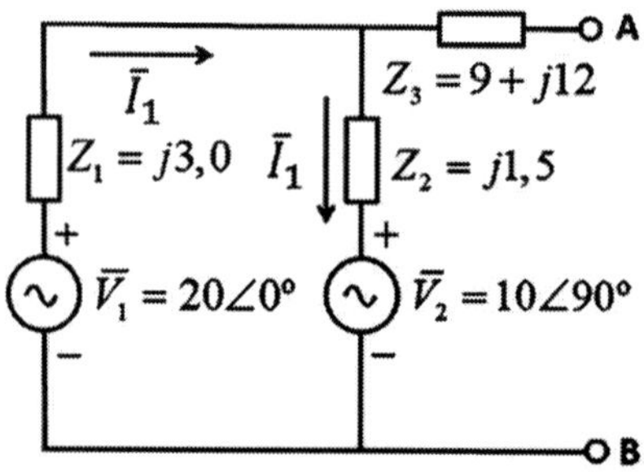

Figura 6 - Circuito elétrico da Figura 5 com a carga desconectada dos terminais AB.

Calculando inicialmente a corrente fasorial $\bar{I}_1$ que circula no circuito com os terminais **AB** abertos. Aplicando a lei de Kirchhoff das tensões na malha fechada do circuito da Figura 6, temos:

$$\bar{V}_1 - \bar{I}_1 Z_1 - \bar{I}_1 Z_2 - \bar{V}_2 = 0$$

$$\bar{I}_1(Z_1 + Z_2) = \bar{V}_1 - \bar{V}_2$$

$$\bar{I}_1 = \frac{\bar{V}_1 - \bar{V}_2}{Z_1 + Z_2}$$

$$\bar{I}_1 = \frac{20\angle 0° - 10\angle 90°}{j3,0 + j1,5} = \frac{22,36\angle - 26,6°}{j4,5} = \frac{22,36\angle - 26,6°}{4,5\angle 90°}$$

$$\bar{I}_1 = 5\angle - 116,6°\ A$$

Calculando a tensão nos terminais **AB**, temos:

$$\overline{V}_{AB} = \overline{V}_{Th} = \overline{I}_1 Z_2 + \overline{V}_2 = (5\angle -116,6°)(j1,5) + 10\angle 90° \ V$$

$$\overline{V}_{AB} = \overline{V}_{Th} = \overline{I}_1 Z_2 + \overline{V}_2 = (5\angle -116,6°)(1,5\angle 90°) + 10\angle 90°$$

$$\overline{V}_{AB} = \overline{V}_{Th} = 7,5\angle -26,6° + 10\angle 90° \ V$$

$$\overline{V}_{AB} = \overline{V}_{Th} = 9,4\angle 45°$$

Com as fontes de tensão do circuito da Figura 6 curto-circuitadas, calcula-se a impedância equivalente de Thévenin, conforme mostrado na Figura 7.

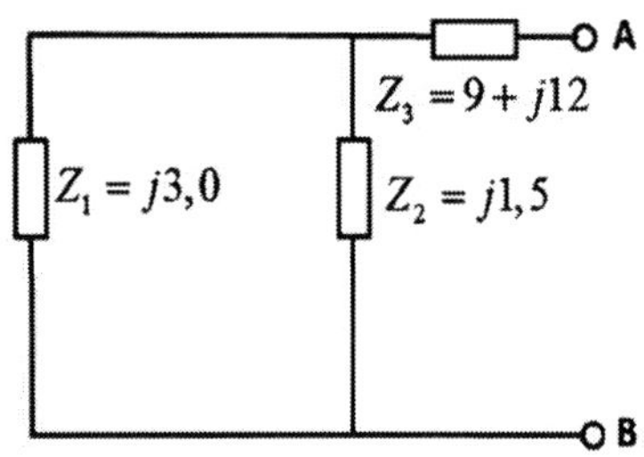

Figura 7 - Cálculo da Impedância equivalente de Thévenin.

$$Z_{Th} = Z_3 + Z_1 // Z_2$$

$$Z_{Th} = (9 + j12) + \frac{(j3,0)(j1,5)}{j3,0 + j1,5} = (9 + j12) - \frac{4,5}{j4,5}$$

$$Z_{Th} = (9 + j12) + j = 9 + j13 \ \Omega$$

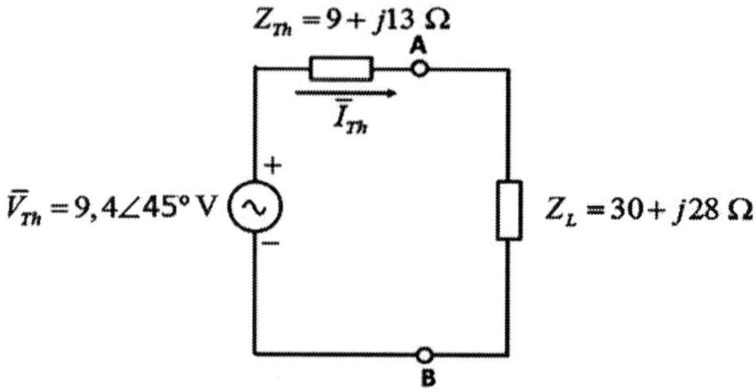

Figura 8 - Circuito equivalente de Thévenin.

Reconectando a impedância $\boldsymbol{Z_L}$, conforme mostrado no circuito da Figura 8, a corrente que circula na carga $\boldsymbol{Z_L}$ é dada por:

$$\overline{I}_{Th} = \frac{\overline{V}_{Th}}{Z_{equ}} = \frac{\overline{V}_{Th}}{Z_{Th} + Z_L} = \frac{9,4\angle 45°}{(9 + j13) + (30 + j28)} = \frac{9,4\angle 45°}{39 + j41}\ A$$

$$\overline{I}_{Th} = \frac{\overline{V}_{Th}}{Z_{equ}} = \frac{9,4\angle 45°}{56,6\angle 46,4°} = 0,17\angle - 1,4°\ A$$

Onde:

$$\left|Z_{equ}\right| = \sqrt{39^2 + 41^2} = 56,6$$

$$\theta_{equ} = arctg\left(\frac{41}{39}\right) = 46,4°$$

A corrente da carga é a mesma corrente de Thévenin, ou seja:

$$\overline{I}_L = \overline{I}_{Th} = 0,17\angle - 1,4°\ A$$

Portanto,

$$\overline{I}_1 = \overline{I}_2 + \overline{I}_L$$

$$\bar{I}_2 = \bar{I}_1 - \bar{I}_L = (5\angle -116,6°) - (0,17\angle -1,4°)$$

$$\bar{I}_2 = 5,1\angle -118,3°\ A$$

Logo,

$$\bar{I}_1 = 5\angle -116,6°\ A$$

$$\bar{I}_L = \bar{I}_{Th} = 0,17\angle -1,4°\ A$$

$$\bar{I}_2 = 5,1\angle -118,3°\ A$$

Conclusão:

Os fasores correntes são praticamente iguais às calculadas pelo método das malhas.

3.3 Teorema de Norton

Edward Lawry Norton (1898 – 1983), estadunidense natural do Maine, fez parte do renomado grupo de Engenheiros do BellLabs. Esta instituição de pesquisa foi a responsável por algumas das descobertas mais interessantes do século XX, entre elas o Transistor, o Laser e as Células Fotovoltaicas. Origem: Wikipédia, a enciclopédia livre. Em 1933, Edward Lawry Norton enunciou o seguinte teorema:

"Qualquer estrutura linear ativa pode ser substituída por uma única fonte de corrente I_N em paralelo com uma impedância Z_N"

O teorema de Norton indica que qualquer circuito linear a montante dos terminais **AB** da Figura 9 pode ser reduzido a um circuito com dois elementos apenas, constituído de uma fonte de corrente, que denotaremos por I_N e com impedância interna em paralelo, que denotaremos por $\boldsymbol{Z_N}$.

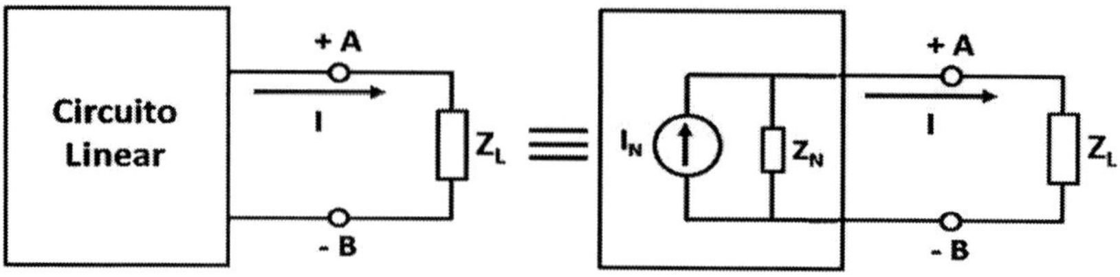

Figura 9 - Circuito equivalente de Norton.

A corrente de Norton $\boldsymbol{I_N}$ é calculada a partir da seguinte fórmula:

$$\bar{I}_N = \frac{\bar{V}_{Th}}{Z_{Th}}$$

Portanto, a fonte de corrente de Norton é igual a corrente de curto-circuito. A impedância de Norton é calculada pelo quociente entre a tensão de circuito aberto e corrente de curto circuito, ou seja:

$$Z_N = \frac{\bar{V}_{AB\_circuito\_aberto}}{\bar{I}_{AB\_curtocircuito}} = \frac{\bar{V}_{Th}}{\bar{I}_{AB\_curtocircuito}}$$

A impedância de Norton é igual a impedância de Thévenin,

3.3.1 Exemplo 3.3

A partir do circuito do exemplo 3.1 encontre a corrente de Norton nos terminais **AB** do circuito da Figura 10.

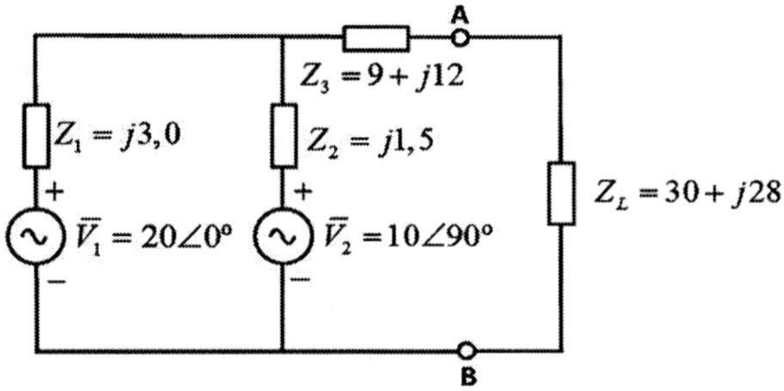

Figura 10 - Circuito elétrico do exemplo 3.3.

Solução:

Convertendo as fontes de tensão do circuito da Figura 10 para fontes de corrente, o circuito passa a ser conforme mostrado na Figura 11. Para calcular a corrente de Norton curtocircuitamos os terminais **AB** e calculamos a corrente de curto-circuito.

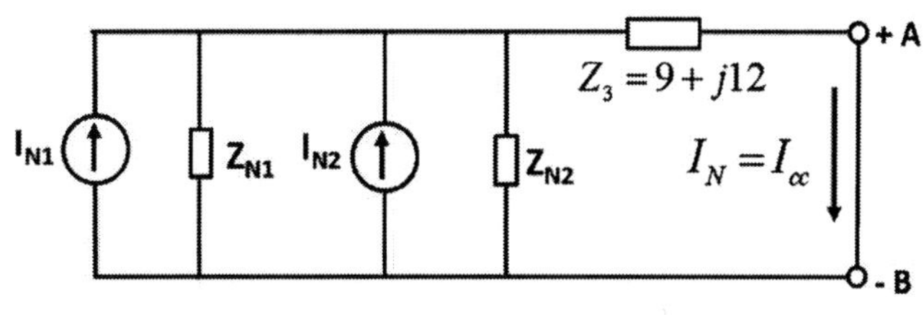

Figura 11 - Aplicando o teorema de Norton no circuito elétrico do exemplo 3.3.

$$\overline{I}_{N1} = \frac{\overline{V}_1}{Z_{N1}} = \frac{20\angle 0°}{j3,0} = \frac{20\angle 0°}{3,0\angle 90°} = 6,67\angle -90°\ A$$

Onde:

$$Z_{N1} = Z_1 = j3,0 = 3,0\angle 90^\circ\ \Omega$$

$$\bar{I}_{N2} = \frac{\bar{V}_2}{Z_{N2}} = \frac{10\angle 90^\circ}{j1,5} = \frac{10\angle 90^\circ}{1,5\angle 90^\circ} = 6,67\angle 0^\circ\ A$$

Onde:

$$Z_{N2} = Z_2 = j1,5 = 1,5\angle 90^\circ\ \Omega$$

Reduzindo o circuito da Figura 11, temos o circuito mostrado na Figura 12:

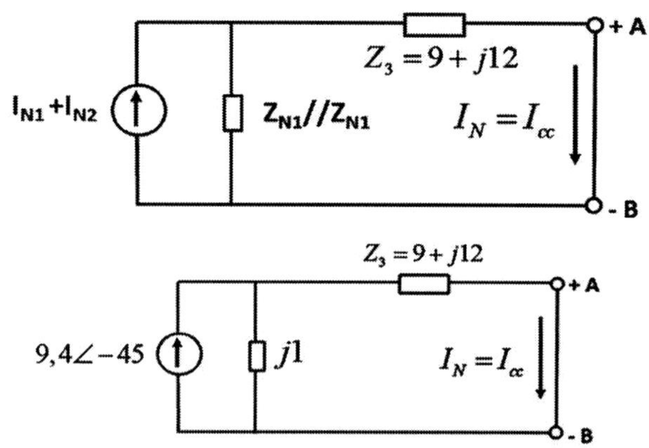

Figura 12 - Circuito de Norton reduzido.

Onde,

$$\bar{I}_{N1} + \bar{I}_{N2} = 6,67\angle -90^\circ + 6,67\angle 0^\circ = 9,4\angle -45^\circ\ A$$

$$Z_{N1}//Z_{N2} = \frac{Z_{N1}Z_{N2}}{Z_{N1}+Z_{N2}} = \frac{(j3,0)(j1,5)}{j3,0 + j1,5} = \frac{-4,5}{j4,5} = j = 1\angle 90^\circ\ \Omega$$

Resolvendo pela regra do divisor de corrente para encontrar a corrente de curto-circuito nos terminais **AB** da Figura 12 temos:

$$\bar{I}_N = \bar{I}_{cc} = \frac{j}{(j + 9 + j12)}(9,4\angle -45^\circ) = \frac{j}{(9 + j13)}(9,4\angle -45^\circ)$$

$$\bar{I}_N = \frac{1\angle 90^\circ}{15,8\angle 55,3^\circ}(9,4\angle -45^\circ)$$

$$\bar{I}_N = \bar{I}_{cc} = \frac{9,4\angle 45^\circ}{15,8\angle 55,3^\circ} = 0,6\angle -10,3^\circ\ A$$

Pode-se também calcular a corrente de Norton I_N a partir do exemplo 3.2:

$$\bar{I}_N = \frac{\bar{V}_{Th}}{Z_{Th}} = \frac{9,4\angle 45^\circ}{9 + j13} = \frac{9,4\angle 45^\circ}{15,8\angle 55,3^\circ} = 0,6\angle -10,3^\circ\ A$$

Calculando a corrente na carga a partir do circuito de Norton,

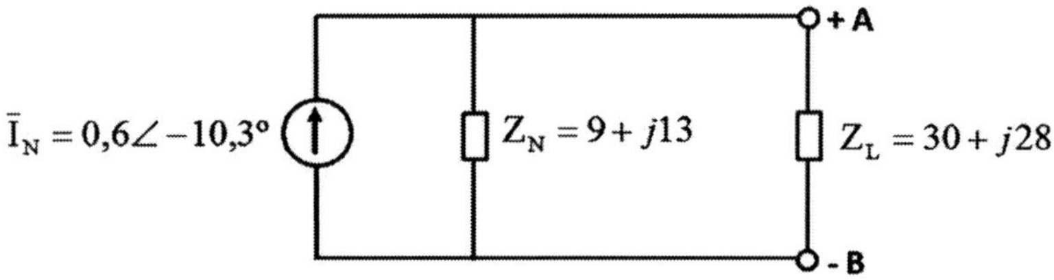

Figura 13 - Circuito de Norton com a carga interligada.

$$\bar{I}_L = \frac{Z_N}{(Z_N + Z_L)}\bar{I}_N = \frac{(9 + j13)}{(9 + j13 + 30 + j28)}(0,6\angle -10,3^\circ)$$

$$\bar{I}_L = \frac{(9 + j13)}{(39 + j41)}(0,6\angle -10,3^\circ) = \frac{(15,8\angle 55,3^\circ)}{(56,6\angle 46,4^\circ)}(0,6\angle -10,3^\circ)$$

$$\bar{I}_L = 0,17\angle -1,4^\circ\ A$$

Conclusão:

O teorema de Norton nada mais é do que o dual do teorema de Thévenin.

3.4 Teorema da Superposição

O Teorema da Superposição afirma que:

"Se um circuito linear bilateral possui diversas fontes de alimentação e/ou correntes independentes, então a corrente que atravessa ou a tensão entre os terminais de um elemento deste circuito será igual à soma das contribuições das correntes ou tensões correspondentes a cada uma das fontes consideradas isoladamente. Para levar em consideração a contribuição isolada de cada uma das fontes independentes é necessário que as fontes de tensão sejam substituídas por um curto-circuito, enquanto que as fontes de correntes sejam substituídas por um circuito aberto".

O princípio da superposição não pode ser usado para cálculo da potência dissipada em um circuito, pois a dissipação de potência em resistências varia com o quadrado da corrente ou da tensão, tendo, portanto, uma relação não linear.

3.4.1 Exemplo 3.4

Aplique o teorema da superposição no circuito do exemplo 3.3 e encontre a corrente na carga $\boldsymbol{Z_L}$.

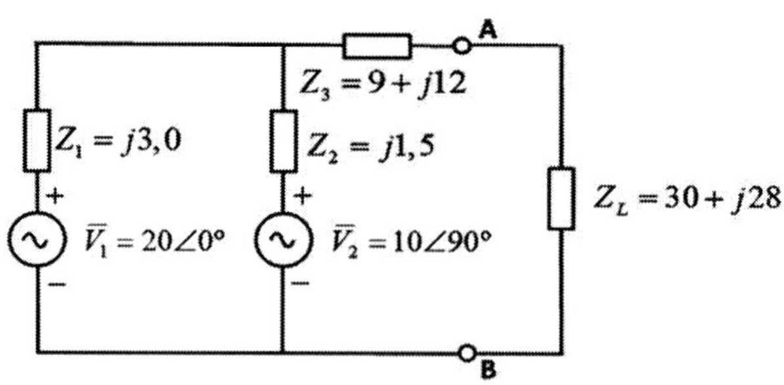

Figura 14 - Circuito elétrico do exemplo 3.4.

Curto-circuitando inicialmente a fonte $\overline{V}_2$ temos,

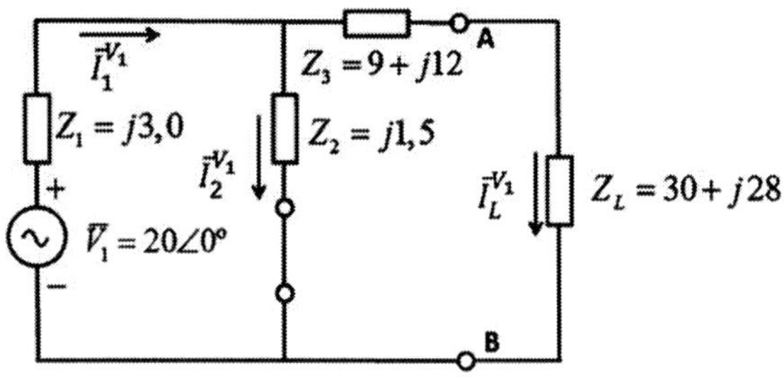

Figura 15 - Circuito elétrico com a fonte $\overline{V}_2$ curto-circuitada.

Onde:

$\overline{I}_1^{V_1}$: Corrente que circula pela impedância Z_1 levando em consideração a contribuição da fonte $\overline{V}_1$ com a fonte $\overline{V}_2$ curtocircuitada.

$\overline{I}_2^{V_1}$: Corrente que circula pela impedância Z_2 levando em consideração a contribuição da fonte $\overline{V}_1$ com a fonte $\overline{V}_2$ curtocircuitada.

$\overline{I}_L^{V_1}$: Corrente que circula pela impedância Z_L levando em consideração a contribuição da fonte $\overline{V}_1$ com a fonte $\overline{V}_2$ curtocircuitada.

$Z_{equ}^{V_1}$: Impedância equivalente vista pela fonte $\overline{V}_1$ com a fonte $\overline{V}_2$ curtocircuitada.

$\overline{I}_1^{V_2}$: Corrente que circula pela impedância Z_1 levando em consideração a contribuição da fonte $\overline{V}_2$ com a fonte $\overline{V}_1$ curtocircuitada.

$\overline{I}_2^{V_2}$: Corrente que circula pela impedância Z_2 levando em consideração a contribuição da fonte $\overline{V}_2$ com a fonte $\overline{V}_1$ curtocircuitada.

$\overline{I}_L^{V_2}$: Corrente que circula pela impedância Z_L levando em consideração a contribuição da fonte $\overline{V}_2$ com a fonte $\overline{V}_1$ curtocircuitada.

$Z_{equ}^{V_2}$: Impedância equivalente vista pela fonte $\overline{V}_2$ com a fonte $\overline{V}_1$ curtocircuitada.

Cálculo da impedância equivalente $Z_{equ}^{V_1}$ com a fonte $\overline{V}_2$ isolada:

$$Z_{equ}^{V_1} = [(Z_L + Z_3)//Z_2] + Z_1$$

$$Z_L + Z_3 = (30 + j28) + (9 + j12) = 39 + j40\ \Omega$$

$$[(Z_L + Z_3)//Z_2] = \frac{(39 + j40)(j1,5)}{(39 + j40) + (j1,5)} = \frac{-60 + j58,5}{39 + j41,5} =$$

$$= 0,0271 + j1,4712\ \Omega$$

$$Z_{equ}^{V_1} = [(Z_L + Z_3)//Z_2] + Z_1 = (0,0271 + j1,4712) + j3,0$$

$$Z_{equ}^{V_1} = 0,0271 + j4,4712\ \Omega$$

$$\overline{I}_1^{V_1} = \frac{\overline{V}_1}{Z_{equ}^{V_1}} = \frac{20\angle 0^\circ}{0,0271 + j4,4712} = \frac{20\angle 0^\circ}{4,4713\angle 89,6^\circ}$$

$$\overline{I}_1^{V_1} = 4,4730\angle -89,6^\circ\ A$$

Cálculo da corrente em Z_L devido à contribuição da fonte $\overline{V}_1$.

$$\bar{I}_L^{V_1} = \frac{Z_2}{(Z_3 + Z_L) + Z_2}\bar{I}_1^{V_1} = \frac{j1,5}{(39 + j40 + j1,5)}(4,4730\angle -89,6^\circ)$$

$$\bar{I}_L^{V_1} = \frac{j1,5}{(39 + j41,5)}(4,4730\angle -89,6^\circ)$$

$$\bar{I}_L^{V_1} = \frac{1,5\angle 90^\circ}{56,95\angle 46,8^\circ}(4,4730\angle -89,6^\circ)$$

$$\bar{I}_L^{V_1} = 0,12\angle -46,4^\circ$$

Curto-circuitando a fonte $\bar{V}_1$, temos:

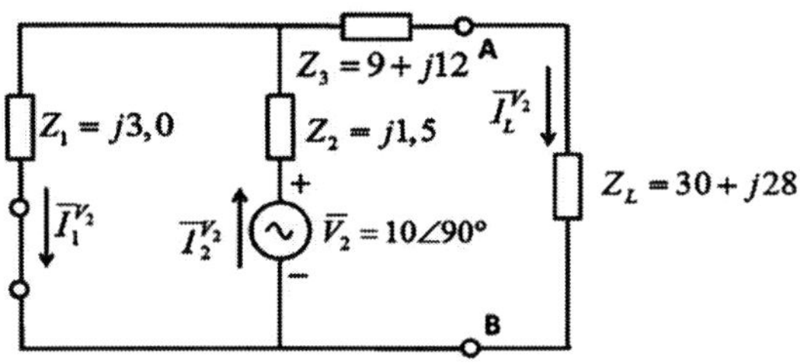

Figura 16 - Circuito elétrico com a fonte $\bar{V}_1$ curto-circuitada.

Cálculo da impedância equivalente $Z_{equ}^{V_2}$ com a fonte $\bar{V}_1$ isolada:

$$Z_{equ}^{V_2} = [(Z_L + Z_3)//Z_1] + Z_2$$

$$Z_L + Z_3 = 39 + j40\ \Omega$$

$$(Z_L + Z_3)//Z_1 = \frac{(39 + j40)(j3,0)}{(39 + j40) + (j3,0)} = \frac{-120 + j117}{39 + j43}$$

$$(Z_L + Z_3)//Z_1 = 0,1042 + j2,8852\ \Omega$$

$$Z_{equ}^{V_2} = [(Z_L + Z_3)//Z_1] + Z_2 = (0,1042 + j2,8852) + j1,5$$

$$Z_{equ}^{V_2} = 0,1042 + j4,3852\ \Omega$$

$$\bar{I}_2^{V_2} = \frac{\bar{V}_2}{Z_{equ}^{V_2}} = \frac{10\angle 90^\circ}{0,1042 + j4,3852} = \frac{10\angle 90^\circ}{4,3864\llcorner 88,6^\circ} = 2,28\angle 1,4^\circ\ A$$

$$\bar{I}_1^{V_2} = \frac{(Z_3 + Z_L)}{(Z_3 + Z_L) + Z_1}\bar{I}_2^{V_2} = \frac{(39 + j40)}{(39 + j40 + j3,0)}(2,28\angle 1,4^\circ)$$

$$\bar{I}_1^{V_2} = \frac{(55,9\angle 45,7^\circ)}{(58\angle 47,8^\circ)}(2,28\angle 1,4^\circ) = 2,2\angle -0,7^\circ\ A$$

Cálculo da corrente em Z_L devido à contribuição da fonte $\bar{V}_2$.

$$\bar{I}_L^{V_2} = \frac{Z_1}{(Z_3 + Z_L) + Z_1}\bar{I}_2^{V_2} = \frac{j3,0}{(39 + j40 + j3,0)}(2,28\angle 1,4^\circ)$$

$$\bar{I}_L^{V_2} = \frac{j3,0}{(39 + j43)}(2,28\angle 1,4^\circ) = \frac{3,0\angle 90^\circ}{58\angle 47,8^\circ}(2,28\angle 1,4^\circ)$$

$$\bar{I}_L^{V_2} = 0,12\angle 43,6^\circ\ A$$

Cálculo da corrente na impedância Z_L devido à contribuição das fontes $\bar{V}_1$ e $\bar{V}_2$.

$$\bar{I}_L = \bar{I}_L^{V_1} + \bar{I}_L^{V_2} = 0,12\angle -46,4^\circ + 0,12\angle 43,6 = 0,17\angle -1,4^\circ\ A$$

3.5 Teorema de Millman

"O teorema de Millman afirma que quaisquer associações de fontes de tensão em paralelo podem ser reduzidas à apenas uma fonte de tensão equivalente".

A Figura 17 exemplifica o que afirma o Teorema de Milman.

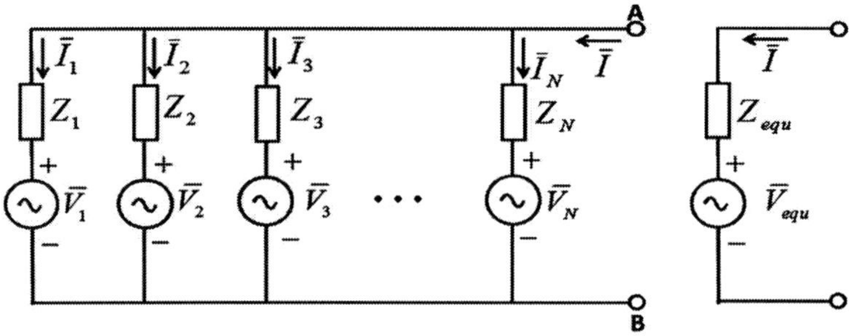

Figura 17 - Circuito com associação em paralelo de fontes de tensão.

Definindo,

$$Y_1 = \frac{1}{Z_1} \tag{3.3}$$

$$Y_2 = \frac{1}{Z_2} \tag{3.4}$$

$$Y_3 = \frac{1}{Z_3} \tag{3.5}$$

$$Y_N = \frac{1}{Z_N} \tag{3.6}$$

$$Y_{equ} = \frac{1}{Z_{equ}} \tag{3.7}$$

Então,

$$\bar{I}_1 = Y_1(\bar{V}_{AB} - \bar{V}_1) \tag{3.8}$$

$$\bar{I}_2 = Y_2(\bar{V}_{AB} - \bar{V}_2) \tag{3.9}$$

$$\bar{I}_3 = Y_3(\bar{V}_{AB} - \bar{V}_3) \tag{3.10}$$

$$\overline{\boldsymbol{I}}_N = \boldsymbol{Y}_N(\overline{\boldsymbol{V}}_{AB} - \overline{\boldsymbol{V}}_N) \quad (3.11)$$

Aplicando a lei dos nós, temos:

$$\overline{\boldsymbol{I}}_1 + \overline{\boldsymbol{I}}_2 + \overline{\boldsymbol{I}}_3 + \cdots + \overline{\boldsymbol{I}}_N = \boldsymbol{0} \quad (3.12)$$

Substituindo as equações (3.8), (3.9), (3.10) e (3.11) em (3.12), temos:

$$\begin{gathered}\boldsymbol{Y}_1(\overline{\boldsymbol{V}}_{AB} - \overline{\boldsymbol{V}}_1) + \boldsymbol{Y}_2(\overline{\boldsymbol{V}}_{AB} - \overline{\boldsymbol{V}}_2) + \boldsymbol{Y}_3(\overline{\boldsymbol{V}}_{AB} - \overline{\boldsymbol{V}}_3) + \cdots \\ \cdots + \boldsymbol{Y}_N(\overline{\boldsymbol{V}}_{AB} - \overline{\boldsymbol{V}}_N) = \boldsymbol{0}\end{gathered} \quad (3.13)$$

Rearranjando (3.13),

$$\begin{aligned}&\boldsymbol{Y}_1\overline{\boldsymbol{V}}_{AB} - \boldsymbol{Y}_1\overline{\boldsymbol{V}}_1 + \boldsymbol{Y}_2\overline{\boldsymbol{V}}_{AB} - \boldsymbol{Y}_2\overline{\boldsymbol{V}}_2 + \boldsymbol{Y}_3\overline{\boldsymbol{V}}_{AB} - \boldsymbol{Y}_3\overline{\boldsymbol{V}}_3 + \cdots + \boldsymbol{Y}_N\overline{\boldsymbol{V}}_{AB} - \boldsymbol{Y}_N\overline{\boldsymbol{V}}_N \\ &\quad = \boldsymbol{0}\end{aligned}$$

Isolando $\overline{\boldsymbol{V}}_{AB}$ de (3.13),

$$\begin{gathered}\overline{\boldsymbol{V}}_{AB}(\boldsymbol{Y}_1 + \boldsymbol{Y}_2 + \boldsymbol{Y}_3 + \cdots + \boldsymbol{Y}_N) - \boldsymbol{Y}_1\overline{\boldsymbol{V}}_1 - \boldsymbol{Y}_2\overline{\boldsymbol{V}}_2 - \boldsymbol{Y}_3\overline{\boldsymbol{V}}_3 - \cdots \\ \cdots - \boldsymbol{Y}_N\overline{\boldsymbol{V}}_N = \boldsymbol{0}\end{gathered}$$

$$\begin{gathered}\overline{\boldsymbol{V}}_{AB}(\boldsymbol{Y}_1 + \boldsymbol{Y}_2 + \boldsymbol{Y}_3 + \cdots + \boldsymbol{Y}_N) = \\ = \boldsymbol{Y}_1\overline{\boldsymbol{V}}_1 + \boldsymbol{Y}_2\overline{\boldsymbol{V}}_2 + \boldsymbol{Y}_3\overline{\boldsymbol{V}}_3 + \cdots + \boldsymbol{Y}_N\overline{\boldsymbol{V}}_N\end{gathered}$$

$$\overline{\boldsymbol{V}}_{AB} = \frac{\boldsymbol{Y}_1\overline{\boldsymbol{V}}_1 + \boldsymbol{Y}_2\overline{\boldsymbol{V}}_2 + \boldsymbol{Y}_3\overline{\boldsymbol{V}}_3 + \cdots + \boldsymbol{Y}_N\overline{\boldsymbol{V}}_N}{(\boldsymbol{Y}_1 + \boldsymbol{Y}_2 + \boldsymbol{Y}_3 + \cdots + \boldsymbol{Y}_N)} \quad (3.14)$$

Definindo o denominador da equação (3.14) de $\boldsymbol{Y}_{equ}$,

$$\boldsymbol{Y}_{equ} = \boldsymbol{Y}_1 + \boldsymbol{Y}_2 + \boldsymbol{Y}_3 + \cdots + \boldsymbol{Y}_N \quad (3.15)$$

Logo,

$$\overline{V}_{AB} = \frac{Y_1\overline{V}_1 + Y_2\overline{V}_2 + Y_3\overline{V}_3 + \cdots + Y_N\overline{V}_N}{Y_{equ}} \tag{3.16}$$

Onde o denominador e o numerador de (3.16) podem ser escritos como uma soma de termos, ou seja:

$$Y_{equ} = \sum_{n=1}^{N} Y_n \tag{3.17}$$

$$\overline{I} = \pm \sum_{n=1}^{N} (Y_N\overline{V}_N) \tag{3.18}$$

Portanto,

$$\overline{V}_{AB} = \frac{\overline{I}}{Y_{equ}} = \frac{\pm \sum_{n=1}^{N}(Y_N\overline{V}_N)}{\sum_{n=1}^{N} Y_n} \tag{3.19}$$

3.5.1 Exemplo 3.4

Seja a rede elétrica do exemplo 3.3 sem a carga conectada. Determine a tensão nos terminais **AB** utilizando o teorema de Millman.

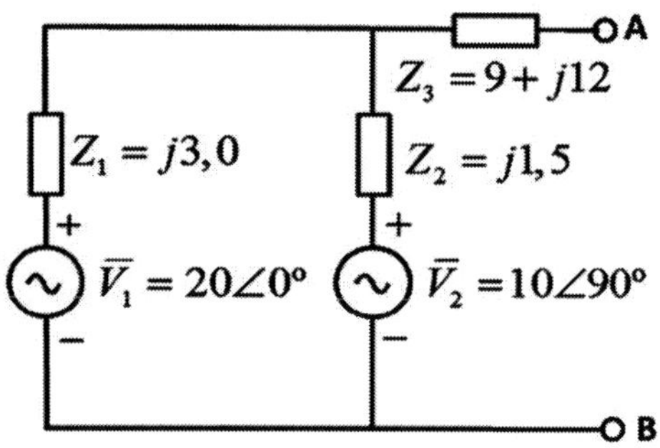

Figura 18 - Rede elétrica do exemplo 3.3 sem a carga conectada.

Solução:

Utilizando a equação (3.19), temos:

$$\overline{V}_{AB} = \frac{\overline{I}}{Y_{equ}}$$

Onde,

$$\overline{I} = \pm\sum_{n=1}^{N}(Y_N\overline{V}_N) = \sum_{n=1}^{2}(Y_N\overline{V}_N) = Y_1\overline{V}_1 + Y_2\overline{V}_2$$

$$Y_{equ} = \sum_{n=1}^{N} Y_n = \sum_{n=1}^{2} Y_n = Y_1 + Y_2$$

$$Y_1 = \frac{1}{Z_1} = \frac{1}{j3,0} = -j0,33 = 0,33\angle-90^\circ$$

$$Y_2 = \frac{1}{Z_2} = \frac{1}{j1,5} = -j0,67 = 0,67\angle-90^\circ$$

$$\overline{V}_{AB} = \frac{\overline{I}}{Y_{equ}} = \frac{Y_1\overline{V}_1 + Y_2\overline{V}_2}{Y_1 + Y_2}$$

$$\overline{V}_{AB} = \frac{(0,33\angle-90^\circ)(20\angle0^\circ) + (0,67\angle-90^\circ)(10\angle90^\circ)}{(-j0,33) + (-j0,67)}$$

$$\overline{V}_{AB} = \frac{6,6\angle-90^\circ + 6,7\angle0^\circ}{-j} = \frac{9,4\angle-45^\circ}{1\angle-90^\circ} = 9,4\angle45^\circ\ V$$

3.6 Teorema da máxima transferência de potência

"O teorema da máxima transferência de potência afirma que a máxima potência obtida de uma fonte de tensão por uma carga conectada em seus

terminais acontece quando a impedância da carga for igual à impedância interna da referida fonte".

Considere o circuito da Figura 19 representado pelo equivalente de Thévenin com uma carga $\boldsymbol{Z_L}$ conectada nos terminais **AB**.

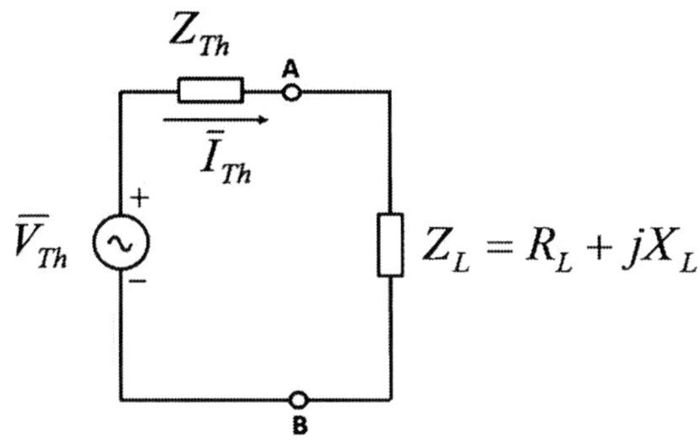

Figura 19 - Circuito de Thévenin utilizado para demonstrar o teorema da máxima transferência de potência.

A corrente de Thévenin é calculada por

$$\bar{\boldsymbol{I}}_{Th} = \frac{\bar{\boldsymbol{V}}_{Th}}{\boldsymbol{Z}_{Th} + \boldsymbol{Z}_L} \tag{3.20}$$

Colocando as impedâncias $\boldsymbol{Z_{TH}}$ e $\boldsymbol{Z_L}$ na forma retangular,

$$\bar{\boldsymbol{I}}_{Th} = \frac{\bar{\boldsymbol{V}}_{Th}}{\boldsymbol{R}_{Th} + \boldsymbol{j}\boldsymbol{X}_{Th} + \boldsymbol{R}_L + \boldsymbol{j}\boldsymbol{X}_L} \tag{3.21}$$

Aplicando o módulo em ambos os membros na fórmula da corrente de (3.21), temos,

$$|\bar{\boldsymbol{I}}_{Th}| = \left|\frac{\bar{\boldsymbol{V}}_{Th}}{\boldsymbol{R}_{Th} + \boldsymbol{j}\boldsymbol{X}_{Th} + \boldsymbol{R}_L + \boldsymbol{j}\boldsymbol{X}_L}\right| = \frac{|\bar{\boldsymbol{V}}_{Th}|}{|\boldsymbol{R}_{Th} + \boldsymbol{j}\boldsymbol{X}_{Th} + \boldsymbol{R}_L + \boldsymbol{j}\boldsymbol{X}_L|}$$

Onde o módulo da expressão do denominador de (3.21) é dado por.

$$|(\boldsymbol{R_{Th}} + \boldsymbol{R_L}) + \boldsymbol{j}(\boldsymbol{X_{Th}} + \boldsymbol{X_L})| =$$

$$= \sqrt{(\boldsymbol{R_{Th}} + \boldsymbol{R_L})^2 + (\boldsymbol{X_{Th}} + \boldsymbol{X_L})^2} \tag{3.22}$$

Substituindo (3.22) em (3.21),

$$|\bar{\boldsymbol{I}}_{\boldsymbol{Th}}| = \frac{|\bar{\boldsymbol{V}}_{\boldsymbol{Th}}|}{\sqrt{(\boldsymbol{R_{Th}} + \boldsymbol{R_L})^2 + (\boldsymbol{X_{Th}} + \boldsymbol{X_L})^2}} \tag{3.23}$$

A potência ativa dissipada na carga é dada por,

$$\boldsymbol{P_L} = \boldsymbol{R_L}|\boldsymbol{I_{Th}}|^2 \tag{3.24}$$

Substituindo (3.23) em (3.24) resulta,

$$\boldsymbol{P_L} = \boldsymbol{R_L}\left(\frac{|\boldsymbol{V_{Th}}|}{\sqrt{(\boldsymbol{R_{Th}} + \boldsymbol{R_L})^2 + (\boldsymbol{X_{Th}} + \boldsymbol{X_L})^2}}\right)^{\mathbf{2}}$$

$$\boldsymbol{P_L} = \frac{\boldsymbol{R_L}(\boldsymbol{V_{Th}})^2}{(\boldsymbol{R_{Th}} + \boldsymbol{R_L})^2 + (\boldsymbol{X_{Th}} + \boldsymbol{X_L})^2} \tag{3.25}$$

Maximizando a potência ativa na carga $\boldsymbol{Z_L}$ e considerando que $\boldsymbol{R_L}$e $\boldsymbol{X_L}$ sejam independentes, temos que,

$$\frac{\boldsymbol{\partial P}}{\boldsymbol{\partial R_L}} = \mathbf{0} \tag{3.26}$$

$$\text{e} \quad \frac{\boldsymbol{\partial P}}{\boldsymbol{\partial X_L}} = \mathbf{0} \tag{3.27}$$

Aplicando e desenvolvendo a derivada parcial em relação a $\boldsymbol{X_L}$:

$$\frac{\partial P}{\partial X_L} = \frac{\partial}{\partial X_L}\left(\frac{R_L(V_{Th})^2}{(R_{Th}+R_L)^2+(X_{Th}+X_L)^2}\right) = 0 \qquad (3.28)$$

$$R_L(V_{Th})^2\frac{\partial}{\partial X_L}\left[\frac{1}{(R_{Th}+R_L)^2+(X_{Th}+X_L)^2}\right] = 0$$

$$R_L(V_{Th})^2\left\{\frac{[-2(X_{Th}+X_L)]}{[(R_{Th}+R_L)^2+(X_{Th}+X_L)^2]^2}\right\} = 0$$

$$\frac{R_L(V_{Th})^2[-2(X_{Th}+X_L)]}{[(R_{Th}+R_L)^2+(X_{Th}+X_L)^2]^2} = 0$$

$$R_L(V_{Th})^2[-2(X_{Th}+X_L)] = 0$$

$$-2(X_{Th}+X_L) = 0$$

$$X_{Th}+X_L = 0$$

$$X_L = -X_{Th} \qquad (3.29)$$

Substituindo $X_L = -X_{Th}$ na expressão da potência (3.25) temos:

$$P_L = \frac{R_L(V_{Th})^2}{(R_{Th}+R_L)^2+(X_{Th}-X_{Th})^2}$$

$$P_L = \frac{R_L(V_{Th})^2}{(R_{Th}+R_L)^2} \qquad (3.30)$$

Aplicando e desenvolvendo a derivada parcial na equação (3.30) em relação à R_L:

$$\frac{\partial P}{\partial R_L} = \frac{\partial}{\partial R_L}\left[\frac{R_L(V_{Th})^2}{(R_{Th}+R_L)^2}\right] \qquad (3.31)$$

$$\frac{\partial}{\partial \boldsymbol{R}_L}\left[\frac{\boldsymbol{R}_L(\boldsymbol{V}_{Th})^2}{(\boldsymbol{R}_{Th}+\boldsymbol{R}_L)^2}\right]=\frac{(\boldsymbol{V}_{Th})^2(\boldsymbol{R}_{Th}+\boldsymbol{R}_L)^2-\boldsymbol{R}_L(\boldsymbol{V}_{Th})^2 2(\boldsymbol{R}_{Th}+\boldsymbol{R}_L)}{[(\boldsymbol{R}_{Th}+\boldsymbol{R}_L)^2]^2}=\mathbf{0}$$

$$(\boldsymbol{V}_{Th})^2(\boldsymbol{R}_{Th}+\boldsymbol{R}_L)^2-\boldsymbol{R}_L(\boldsymbol{V}_{Th})^2 2(\boldsymbol{R}_{Th}+\boldsymbol{R}_L)=\mathbf{0}$$

$$(\boldsymbol{V}_{Th})^2(\boldsymbol{R}_{Th}+\boldsymbol{R}_L)[(\boldsymbol{R}_{Th}+\boldsymbol{R}_L)-2\boldsymbol{R}_L]=\mathbf{0}$$

$$(\boldsymbol{R}_{Th}+\boldsymbol{R}_L)-2\boldsymbol{R}_L=\mathbf{0}$$

$$\boldsymbol{R}_{Th}+\boldsymbol{R}_L-2\boldsymbol{R}_L=\mathbf{0}$$

$$\boldsymbol{R}_{Th}-\boldsymbol{R}_L=\mathbf{0}$$

Logo,

$$\boldsymbol{R}_L=\boldsymbol{R}_{Th} \tag{3.32}$$

Susbstituindo (3.32) e (3.29) em $\boldsymbol{Z}_L$ temos,

$$\boldsymbol{Z}_L=\boldsymbol{R}_L+\boldsymbol{j}\boldsymbol{X}_L=\boldsymbol{R}_{Th}+\boldsymbol{j}(-\boldsymbol{X}_{Th})=\boldsymbol{R}_{Th}-\boldsymbol{j}\boldsymbol{X}_{Th}=(\boldsymbol{Z}_{Th})^*$$

$$\boldsymbol{Z}_L=(\boldsymbol{Z}_{Th})^* \tag{3.33}$$

Conclusão: A potência máxima transferida para a carga é obtida quando a impedância da carga é igual ao conjugado da impedância de Thévenin.

Cálculo do módulo da potência ativa da carga quando da máxima transferência de potência.

Substituindo (3.32) e (3.29) agora na equação (3.25) resulta,

$$\boldsymbol{P}_L=\frac{\boldsymbol{R}_L(\boldsymbol{V}_{Th})^2}{(\boldsymbol{R}_{Th}+\boldsymbol{R}_L)^2+(\boldsymbol{X}_{Th}+\boldsymbol{X}_L)^2}$$

$$\boldsymbol{P_L} = \frac{\boldsymbol{R_{Th}}(\boldsymbol{V_{Th}})^2}{(\boldsymbol{R_{Th}} + \boldsymbol{R_{Th}})^2 + (\boldsymbol{X_{Th}} - \boldsymbol{X_{Th}})^2}$$

$$\boldsymbol{P_L} = \frac{\boldsymbol{R_{Th}}(\boldsymbol{V_{Th}})^2}{(2\boldsymbol{R_{Th}})^2} = \frac{\boldsymbol{R_{Th}}(\boldsymbol{V_{Th}})^2}{4(\boldsymbol{R_{Th}})^2}$$

$$\boldsymbol{P_L} = \frac{(V_{Th})^2}{4R_{Th}} \tag{3.34}$$

3.6.1 Exemplo 3.5

Determine $\boldsymbol{Z_L}$ no circuito do exemplo 3.2 para que ocorra a máxima transferência de potência para a carga e calcule também o módulo da potência a ser transferida.

Solução:

O Circuito de Thévenin do circuito do exemplo 3.2 é mostrado na Figura 20.

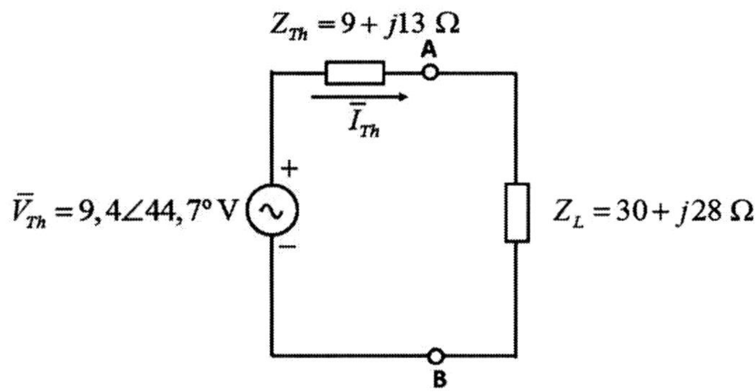

Figura 20 - Circuito equivalente de Thévenin do circuito do exemplo 3.2.

Para que ocorra a máxima transferência da potência para a carga é necessário que a carga obedeça ao que descreve a equação (3.33), ou seja:

$$\boldsymbol{Z_L} = (\boldsymbol{Z_{Th}})^*$$

$$Z_L = (9 + j13)^*$$

$$Z_L = 9 - j13\ \Omega$$

O módulo da potência transferida é:

$$P_L = \frac{|V_{Th}|^2}{4R_{Th}} = \frac{(9,4)^2}{4(9)} = 2,45\ W$$

3.7 Teorema de Kennely - Transformação triângulo-estrela

O teorema de Kennely é uma técnica matemática de simplificação de circuitos muito utilizada, onde se faz uma transformação de uma configuração triângulo para estrela ou estrela para triângulo. Vejamos a demonstração deste teorema.

Efetuando a transformação ilustrada na Figura 21, ou seja, de Delta para Estrela.

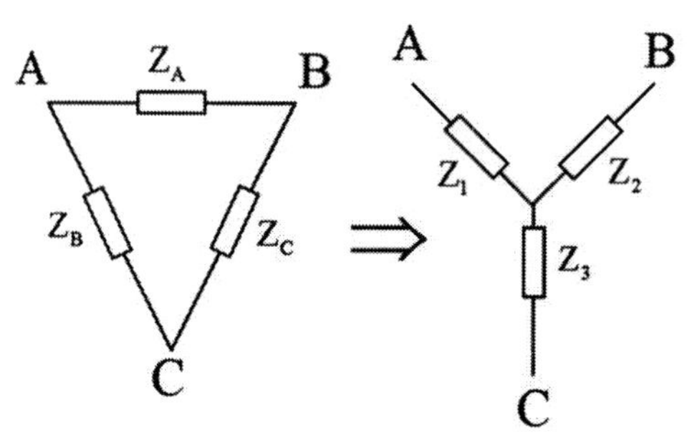

Figura 21 - Transformação Delta - Estrela.

Estabelecendo uma relação entre as configurações Delta – Estrela pelos terminais **AB**, **BC** e **CD** de ambas as configurações temos as seguintes equações:

Delta:

$$\boldsymbol{Z_{AB}} = \boldsymbol{Z_A}//(\boldsymbol{Z_B} + \boldsymbol{Z_C}) = \frac{\boldsymbol{Z_A}(\boldsymbol{Z_B} + \boldsymbol{Z_C})}{\boldsymbol{Z_A} + (\boldsymbol{Z_B} + \boldsymbol{Z_C})} \tag{3.35}$$

Estrela:

$$\boldsymbol{Z_{AB}} = \boldsymbol{Z_1} + \boldsymbol{Z_2} \tag{3.36}$$

Delta:

$$\boldsymbol{Z_{BC}} = \boldsymbol{Z_C}//(\boldsymbol{Z_A} + \boldsymbol{Z_B}) = \frac{\boldsymbol{Z_C}(\boldsymbol{Z_A} + \boldsymbol{Z_B})}{(\boldsymbol{Z_A} + \boldsymbol{Z_B}) + \boldsymbol{Z_C}} \tag{3.37}$$

Estrela:

$$\boldsymbol{Z_{BC}} = \boldsymbol{Z_2} + \boldsymbol{Z_3} \tag{3.38}$$

Delta:

$$\boldsymbol{Z_{AC}} = \boldsymbol{Z_B}//(\boldsymbol{Z_A} + \boldsymbol{Z_C}) = \frac{\boldsymbol{Z_B}(\boldsymbol{Z_A} + \boldsymbol{Z_C})}{\boldsymbol{Z_B} + (\boldsymbol{Z_A} + \boldsymbol{Z_C})} \tag{3.39}$$

Estrela:

$$\boldsymbol{Z_{AC}} = \boldsymbol{Z_1} + \boldsymbol{Z_3} \tag{3.40}$$

Equacionando as duas equações (3.35) e (3.36), temos:

$$\frac{\boldsymbol{Z_A}(\boldsymbol{Z_B} + \boldsymbol{Z_C})}{\boldsymbol{Z_A} + \boldsymbol{Z_B} + \boldsymbol{Z_C}} = \boldsymbol{Z_1} + \boldsymbol{Z_2} \tag{3.41}$$

Equacionando as duas equações (3.37) e (3.38), temos:

$$\frac{\boldsymbol{Z_C}(\boldsymbol{Z_A} + \boldsymbol{Z_B})}{\boldsymbol{Z_A} + \boldsymbol{Z_B} + \boldsymbol{Z_C}} = \boldsymbol{Z_2} + \boldsymbol{Z_3} \tag{3.42}$$

Equacionando as duas equações (3.39) e (3.40), temos:

$$\frac{Z_B(Z_A + Z_C)}{Z_A + Z_B + Z_C} = Z_1 + Z_3 \tag{3.43}$$

Resolvendo o sistema de equações (3.41), (3.42) e (3.43), temos:

$$\begin{cases} \dfrac{Z_A(Z_B + Z_C)}{Z_A + Z_B + Z_C} = Z_1 + Z_2 \\ \dfrac{Z_C(Z_A + Z_B)}{Z_A + Z_B + Z_C} = Z_2 + Z_3 \\ \dfrac{Z_B(Z_A + Z_C)}{Z_A + Z_B + Z_C} = Z_1 + Z_3 \end{cases}$$

Somando as equações (3.41) e (3.43),

$$\frac{Z_A(Z_B + Z_C)}{Z_A + Z_B + Z_C} + \frac{Z_B(Z_A + Z_C)}{Z_A + Z_B + Z_C} = 2Z_1 + (Z_2 + Z_3) \tag{3.44}$$

Substituindo (3.42) na equação (3.44),

$$\frac{Z_A(Z_B + Z_C)}{Z_A + Z_B + Z_C} + \frac{Z_B(Z_A + Z_C)}{Z_A + Z_B + Z_C} = 2Z_1 + \frac{Z_C(Z_A + Z_B)}{Z_A + Z_B + Z_C} \tag{3.45}$$

Isolando Z_1 na equação (3.45) e simplificando a equação, resulta,

$$Z_1 = \frac{\dfrac{Z_A(Z_B + Z_C)}{Z_A + Z_B + Z_C} + \dfrac{Z_B(Z_A + Z_C)}{Z_A + Z_B + Z_C} - \dfrac{Z_C(Z_A + Z_B)}{Z_A + Z_B + Z_C}}{2}$$

$$Z_1 = \frac{\dfrac{(Z_A Z_B + Z_A Z_C)}{Z_A + Z_B + Z_C} + \dfrac{(Z_A Z_B + Z_B Z_C)}{Z_A + Z_B + Z_C} - \dfrac{(Z_A Z_C + Z_B Z_C)}{Z_A + Z_B + Z_C}}{2}$$

$$Z_1 = \frac{\dfrac{Z_A Z_B + Z_A Z_C + Z_A Z_B + Z_B Z_C - Z_A Z_C - Z_B Z_C}{Z_A + Z_B + Z_C}}{2}$$

$$\boldsymbol{Z_1} = \frac{\dfrac{2\boldsymbol{Z_A Z_B}}{\boldsymbol{Z_A + Z_B + Z_C}}}{2}$$

$$\boldsymbol{Z_1} = \frac{\boldsymbol{Z_A Z_B}}{\boldsymbol{Z_A + Z_B + Z_C}} \tag{3.46}$$

Por simetria obtemos $\boldsymbol{Z_2}$ e $\boldsymbol{Z_3}$,

$$\boldsymbol{Z_2} = \frac{\boldsymbol{Z_A Z_C}}{\boldsymbol{Z_A + Z_B + Z_C}} \tag{3.47}$$

$$\boldsymbol{Z_3} = \frac{\boldsymbol{Z_B Z_C}}{\boldsymbol{Z_A + Z_B + Z_C}} \tag{3.48}$$

Seguindo o mesmo raciocínio da demonstração da equação (3.46), fica a cargo do leitor as demonstrações das equações (3.47) e (3.48).

Na transformação de Delta para Estrela, se as impedâncias são balanceadas, ou seja, $\boldsymbol{Z_A = Z_B = Z_C = Z}$ as equações (3.46), (3.47) e (3.48) se resumem a:

$$\boldsymbol{Z_1 = Z_2 = Z_3} = \frac{\boldsymbol{Z}^2}{\boldsymbol{3Z}} = \frac{\boldsymbol{Z}}{\boldsymbol{3}} \tag{3.49}$$

Agora efetuando a transformação inversa ilustrada na Figura 22.

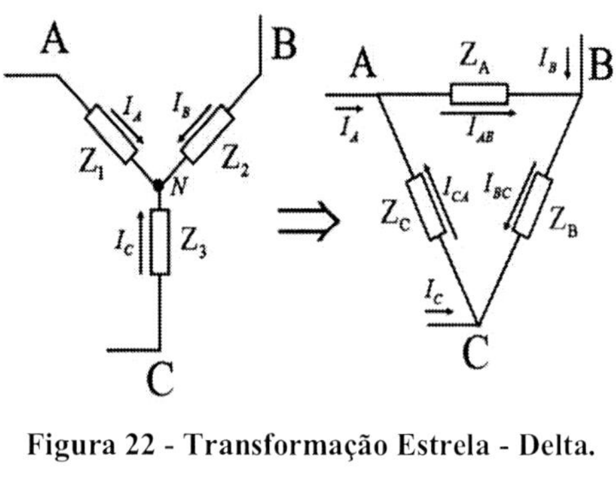

Figura 22 - Transformação Estrela - Delta.

Aplicando as leis dos nós de Kirchhoff da configuração Delta da Figura 22 tem-se:

$$\begin{cases} \boldsymbol{I}_A + \boldsymbol{I}_{CA} - \boldsymbol{I}_{AB} = \boldsymbol{0} \\ \boldsymbol{I}_B + \boldsymbol{I}_{AB} - \boldsymbol{I}_{BC} = \boldsymbol{0} \\ \boldsymbol{I}_C + \boldsymbol{I}_{BC} - \boldsymbol{I}_{CA} = \boldsymbol{0} \end{cases}$$

Isolando $\boldsymbol{I}_A, \boldsymbol{I}_B$ $\boldsymbol{e}$ $\boldsymbol{I}_C$,

$$\begin{cases} \boldsymbol{I}_A = \boldsymbol{I}_{AB} - \boldsymbol{I}_{CA} \\ \boldsymbol{I}_B = \boldsymbol{I}_{BC} - \boldsymbol{I}_{AB} \\ \boldsymbol{I}_C = \boldsymbol{I}_{CA} - \boldsymbol{I}_{BC} \end{cases} \tag{3.50}$$

Nos ramos **AB**, **BC** e **CA** da configuração delta, as correntes podem ser determinadas pelas seguintes equações,

$$\boldsymbol{I}_{AB} = \frac{\boldsymbol{V}_{AB}}{\boldsymbol{Z}_A} \tag{3.51}$$

$$\boldsymbol{I}_{BC} = \frac{\boldsymbol{V}_{BC}}{\boldsymbol{Z}_B} \tag{3.52}$$

$$\boldsymbol{I}_{CA} = \frac{\boldsymbol{V}_{CA}}{\boldsymbol{Z}_C} \tag{3.53}$$

Substituindo (3.51), (3.52) e (3.53) no conjunto de equações de (3.50) resulta,

$$\boldsymbol{I}_A = \boldsymbol{I}_{AB} - \boldsymbol{I}_{CA} = \frac{\boldsymbol{V}_{AB}}{\boldsymbol{Z}_A} - \frac{\boldsymbol{V}_{CA}}{\boldsymbol{Z}_C} \tag{3.54}$$

$$\boldsymbol{I}_B = \boldsymbol{I}_{BC} - \boldsymbol{I}_{AB} = \frac{\boldsymbol{V}_{BC}}{\boldsymbol{Z}_B} - \frac{\boldsymbol{V}_{AB}}{\boldsymbol{Z}_A} \tag{3.55}$$

$$\boldsymbol{I}_C = \boldsymbol{I}_{CA} - \boldsymbol{I}_{BC} = \frac{\boldsymbol{V}_{CA}}{\boldsymbol{Z}_C} - \frac{\boldsymbol{V}_{BC}}{\boldsymbol{Z}_B} \tag{3.56}$$

Por definição, na configuração estrela da Figura 22, as equações das tensões de linha são,

$$\boldsymbol{V}_{AB} = \boldsymbol{V}_A - \boldsymbol{V}_B = \boldsymbol{I}_A\boldsymbol{Z}_1 - \boldsymbol{I}_B\boldsymbol{Z}_2 \tag{3.57}$$

$$\boldsymbol{V}_{BC} = \boldsymbol{V}_B - \boldsymbol{V}_C = \boldsymbol{I}_B\boldsymbol{Z}_2 - \boldsymbol{I}_C\boldsymbol{Z}_3 \tag{3.58}$$

$$\boldsymbol{V}_{CA} = \boldsymbol{V}_C - \boldsymbol{V}_A = \boldsymbol{I}_C\boldsymbol{Z}_3 - \boldsymbol{I}_A\boldsymbol{Z}_1 \tag{3.59}$$

Aplicando as leis dos nós de Kirchhoff no ponto de conexão N da configuração estrela da Figura 22, temos:

$$\boldsymbol{I}_A + \boldsymbol{I}_B + \boldsymbol{I}_C = \boldsymbol{0} \tag{3.60}$$

Escrevendo as equações (3.60), (3.57) e (3.58) em forma de um sistema de equações, vamos determinar as incógnitas $\boldsymbol{I}_A, \boldsymbol{I}_B$ e $\boldsymbol{I}_C$.

$$\begin{cases} \boldsymbol{0} = \boldsymbol{I}_A + \boldsymbol{I}_B + \boldsymbol{I}_C \\ \boldsymbol{V}_{AB} = \boldsymbol{I}_A\boldsymbol{Z}_1 - \boldsymbol{I}_B\boldsymbol{Z}_2 \\ \boldsymbol{V}_{BC} = \boldsymbol{I}_B\boldsymbol{Z}_2 - \boldsymbol{I}_C\boldsymbol{Z}_3 \end{cases} \tag{3.61}$$

Levando o sistema de equações (3.61) para a forma matricial resulta,

$$\begin{vmatrix} \boldsymbol{0} \\ \boldsymbol{V}_{AB} \\ \boldsymbol{V}_{BC} \end{vmatrix} = \begin{vmatrix} \boldsymbol{1} & \boldsymbol{1} & \boldsymbol{1} \\ \boldsymbol{Z}_1 & -\boldsymbol{Z}_2 & \boldsymbol{0} \\ \boldsymbol{0} & \boldsymbol{Z}_2 & -\boldsymbol{Z}_3 \end{vmatrix} \begin{vmatrix} \boldsymbol{I}_A \\ \boldsymbol{I}_B \\ \boldsymbol{I}_C \end{vmatrix} \tag{3.62}$$

Definindo a matriz de impedâncias do sistema matricial de (3.62) como Z,

$$\boldsymbol{Z} = \begin{vmatrix} \boldsymbol{1} & \boldsymbol{1} & \boldsymbol{1} \\ \boldsymbol{Z}_1 & -\boldsymbol{Z}_2 & \boldsymbol{0} \\ \boldsymbol{0} & \boldsymbol{Z}_2 & -\boldsymbol{Z}_3 \end{vmatrix} \tag{3.63}$$

Calculando o determinante da matriz $\boldsymbol{Z}$, obtemos,

$$\boldsymbol{\Delta_Z} = \begin{vmatrix} \mathbf{1} & \mathbf{1} & \mathbf{1} \\ \boldsymbol{Z_1} & -\boldsymbol{Z_2} & \mathbf{0} \\ \mathbf{0} & \boldsymbol{Z_2} & -\boldsymbol{Z_3} \end{vmatrix} = (\boldsymbol{Z_2 Z_3} + \boldsymbol{Z_1 Z_2}) - (-\boldsymbol{Z_1 Z_3})$$

$$\boldsymbol{\Delta_Z} = \boldsymbol{Z_2 Z_3} + \boldsymbol{Z_1 Z_2} + \boldsymbol{Z_1 Z_3} \tag{3.64}$$

Calculando a corrente $\boldsymbol{I_A}$ a partir do determinante,

$$\boldsymbol{I_A} = \frac{\begin{vmatrix} \mathbf{0} & \mathbf{1} & \mathbf{1} \\ \boldsymbol{V_{AB}} & -\boldsymbol{Z_2} & \mathbf{0} \\ \boldsymbol{V_{BC}} & \boldsymbol{Z_2} & -\boldsymbol{Z_3} \end{vmatrix}}{\boldsymbol{\Delta_Z}} = \frac{(\boldsymbol{V_{AB} Z_2}) - (-\boldsymbol{V_{BC} Z_2} - \boldsymbol{V_{AB} Z_3})}{\boldsymbol{Z_2 Z_3} + \boldsymbol{Z_1 Z_2} + \boldsymbol{Z_1 Z_3}}$$

$$\boldsymbol{I_A} = \frac{\boldsymbol{V_{AB} Z_2} + \boldsymbol{V_{BC} Z_2} + \boldsymbol{V_{AB} Z_3}}{\boldsymbol{Z_2 Z_3} + \boldsymbol{Z_1 Z_2} + \boldsymbol{Z_1 Z_3}}$$

Colocando $\boldsymbol{Z_2}$ em evidência no numerador na equação anterior resulta,

$$\boldsymbol{I_A} = \frac{(\boldsymbol{V_{AB}} + \boldsymbol{V_{BC}})\boldsymbol{Z_2} + \boldsymbol{V_{AB} Z_3}}{\boldsymbol{Z_2 Z_3} + \boldsymbol{Z_1 Z_2} + \boldsymbol{Z_1 Z_3}} \tag{3.65}$$

Pela lei das malhas de Kirchhoff,

$$\boldsymbol{V_{AB}} + \boldsymbol{V_{BC}} + \boldsymbol{V_{CA}} = \mathbf{0}$$

$$\boldsymbol{V_{AB}} + \boldsymbol{V_{BC}} = -\boldsymbol{V_{CA}} \tag{3.66}$$

Substituindo (3.66) no numerador de (3.65), resulta,

$$\boldsymbol{I_A} = \frac{\boldsymbol{V_{AB} Z_3} - \boldsymbol{V_{CA} Z_2}}{\boldsymbol{Z_2 Z_3} + \boldsymbol{Z_1 Z_2} + \boldsymbol{Z_1 Z_3}} \tag{3.67}$$

Calculando a corrente I_B,

$$\boldsymbol{I_B} = \frac{\begin{vmatrix} \boldsymbol{1} & \boldsymbol{0} & \boldsymbol{1} \\ \boldsymbol{Z_1} & \boldsymbol{V_{AB}} & \boldsymbol{0} \\ \boldsymbol{0} & \boldsymbol{V_{BC}} & -\boldsymbol{Z_3} \end{vmatrix}}{\boldsymbol{\Delta_Z}} = \frac{(-\boldsymbol{V_{AB}Z_3} + \boldsymbol{V_{BC}Z_1})}{\boldsymbol{Z_2Z_3} + \boldsymbol{Z_1Z_2} + \boldsymbol{Z_1Z_3}}$$

$$\boldsymbol{I_B} = \frac{\boldsymbol{V_{BC}Z_1} - \boldsymbol{V_{AB}Z_3}}{\boldsymbol{Z_2Z_3} + \boldsymbol{Z_1Z_2} + \boldsymbol{Z_1Z_3}} \tag{3.68}$$

Calculando a corrente $\boldsymbol{I_C}$,

$$\boldsymbol{I_C} = \frac{\begin{vmatrix} \boldsymbol{1} & \boldsymbol{1} & \boldsymbol{0} \\ \boldsymbol{Z_1} & -\boldsymbol{Z_2} & \boldsymbol{V_{AB}} \\ \boldsymbol{0} & \boldsymbol{Z_2} & \boldsymbol{V_{BC}} \end{vmatrix}}{\boldsymbol{\Delta_Z}} = \frac{(-\boldsymbol{V_{BC}Z_2}) - (\boldsymbol{V_{AB}Z_2} + \boldsymbol{V_{BC}Z_1})}{\boldsymbol{Z_2Z_3} + \boldsymbol{Z_1Z_2} + \boldsymbol{Z_1Z_3}}$$

$$\boldsymbol{I_C} = \frac{-\boldsymbol{V_{BC}Z_2} - \boldsymbol{V_{AB}Z_2} - \boldsymbol{V_{BC}Z_1}}{\boldsymbol{Z_2Z_3} + \boldsymbol{Z_1Z_2} + \boldsymbol{Z_1Z_3}}$$

$$\boldsymbol{I_C} = \frac{-(\boldsymbol{V_{BC}} + \boldsymbol{V_{AB}})\boldsymbol{Z_2} - \boldsymbol{V_{BC}Z_1}}{\boldsymbol{Z_2Z_3} + \boldsymbol{Z_1Z_2} + \boldsymbol{Z_1Z_3}} \tag{3.69}$$

Substituindo (3.66) no numerador de (3.69), resulta,

$$\boldsymbol{I_C} = \frac{\boldsymbol{V_{CA}Z_2} - \boldsymbol{V_{BC}Z_1}}{\boldsymbol{Z_2Z_3} + \boldsymbol{Z_1Z_2} + \boldsymbol{Z_1Z_3}} \tag{3.70}$$

Rearranjando as equações (3.67), (3.68) e (3.69), temos,

$$\boldsymbol{I_A} = \frac{\boldsymbol{V_{AB}Z_3} - \boldsymbol{V_{CA}Z_2}}{\boldsymbol{Z_2Z_3} + \boldsymbol{Z_1Z_2} + \boldsymbol{Z_1Z_3}}$$

$$\boldsymbol{I_A} = \frac{\boldsymbol{V_{AB}Z_3}}{\boldsymbol{Z_2Z_3} + \boldsymbol{Z_1Z_2} + \boldsymbol{Z_1Z_3}} - \frac{\boldsymbol{V_{CA}Z_2}}{\boldsymbol{Z_2Z_3} + \boldsymbol{Z_1Z_2} + \boldsymbol{Z_1Z_3}}$$

$$I_A = \frac{V_{AB}}{\frac{Z_2Z_3 + Z_1Z_2 + Z_1Z_3}{Z_3}} - \frac{V_{CA}}{\frac{Z_2Z_3 + Z_1Z_2 + Z_1Z_3}{Z_2}} \qquad (3.71)$$

$$I_B = \frac{V_{BC}Z_1 - V_{AB}Z_3}{Z_2Z_3 + Z_1Z_2 + Z_1Z_3}$$

$$I_B = \frac{V_{BC}Z_1}{Z_2Z_3 + Z_1Z_2 + Z_1Z_3} - \frac{V_{AB}Z_3}{Z_2Z_3 + Z_1Z_2 + Z_1Z_3}$$

$$I_B = \frac{V_{BC}}{\frac{Z_2Z_3 + Z_1Z_2 + Z_1Z_3}{Z_1}} - \frac{V_{AB}}{\frac{Z_2Z_3 + Z_1Z_2 + Z_1Z_3}{Z_3}} \qquad (3.72)$$

$$I_C = \frac{V_{CA}Z_2 - V_{BC}Z_1}{Z_2Z_3 + Z_1Z_2 + Z_1Z_3}$$

$$I_C = \frac{V_{CA}Z_2}{Z_2Z_3 + Z_1Z_2 + Z_1Z_3} - \frac{V_{BC}Z_1}{Z_2Z_3 + Z_1Z_2 + Z_1Z_3}$$

$$I_C = \frac{V_{CA}}{\frac{Z_2Z_3 + Z_1Z_2 + Z_1Z_3}{Z_2}} - \frac{V_{BC}}{\frac{Z_2Z_3 + Z_1Z_2 + Z_1Z_3}{Z_1}} \qquad (3.73)$$

Comparando as equações (3.71) com (3.54), deduz-se que Z_A é,

$$I_A = \frac{V_{AB}}{\frac{Z_2Z_3 + Z_1Z_2 + Z_1Z_3}{Z_3}} - \frac{V_{CA}}{\frac{Z_2Z_3 + Z_1Z_2 + Z_1Z_3}{Z_2}}$$

$$I_A = \frac{V_{AB}}{Z_A} - \frac{V_{CA}}{Z_C}$$

$$\boldsymbol{Z}_A = \frac{\boldsymbol{Z}_2\boldsymbol{Z}_3 + \boldsymbol{Z}_1\boldsymbol{Z}_2 + \boldsymbol{Z}_1\boldsymbol{Z}_3}{\boldsymbol{Z}_3} \tag{3.74}$$

Comparando as equações (3.72) com (3.55), deduz-se que $\boldsymbol{Z}_B$ é,

$$\boldsymbol{I}_B = \frac{\boldsymbol{V}_{BC}}{\frac{\boldsymbol{Z}_2\boldsymbol{Z}_3 + \boldsymbol{Z}_1\boldsymbol{Z}_2 + \boldsymbol{Z}_1\boldsymbol{Z}_3}{\boldsymbol{Z}_1}} - \frac{\boldsymbol{V}_{AB}}{\frac{\boldsymbol{Z}_2\boldsymbol{Z}_3 + \boldsymbol{Z}_1\boldsymbol{Z}_2 + \boldsymbol{Z}_1\boldsymbol{Z}_3}{\boldsymbol{Z}_3}}$$

$$\boldsymbol{I}_B = \frac{\boldsymbol{V}_{BC}}{\boldsymbol{Z}_B} - \frac{\boldsymbol{V}_{AB}}{\boldsymbol{Z}_A}$$

$$\boldsymbol{Z}_B = \frac{\boldsymbol{Z}_2\boldsymbol{Z}_3 + \boldsymbol{Z}_1\boldsymbol{Z}_2 + \boldsymbol{Z}_1\boldsymbol{Z}_3}{\boldsymbol{Z}_1} \tag{3.75}$$

Comparando novamente as equações (3.71) com (3.54), deduz-se que $\boldsymbol{Z}_C$ é,

$$\boldsymbol{I}_A = \frac{\boldsymbol{V}_{AB}}{\frac{\boldsymbol{Z}_2\boldsymbol{Z}_3 + \boldsymbol{Z}_1\boldsymbol{Z}_2 + \boldsymbol{Z}_1\boldsymbol{Z}_3}{\boldsymbol{Z}_3}} - \frac{\boldsymbol{V}_{CA}}{\frac{\boldsymbol{Z}_2\boldsymbol{Z}_3 + \boldsymbol{Z}_1\boldsymbol{Z}_2 + \boldsymbol{Z}_1\boldsymbol{Z}_3}{\boldsymbol{Z}_2}}$$

$$\boldsymbol{I}_A = \frac{\boldsymbol{V}_{AB}}{\boldsymbol{Z}_A} - \frac{\boldsymbol{V}_{CA}}{\boldsymbol{Z}_C}$$

$$\boldsymbol{Z}_C = \frac{\boldsymbol{Z}_2\boldsymbol{Z}_3 + \boldsymbol{Z}_1\boldsymbol{Z}_2 + \boldsymbol{Z}_1\boldsymbol{Z}_3}{\boldsymbol{Z}_2} \tag{3.76}$$

Na transformação de Estrela para Delta, se $\boldsymbol{Z}_1 = \boldsymbol{Z}_2 = \boldsymbol{Z}_3 = \boldsymbol{Z}$ as equações se resumem,

$$\boldsymbol{Z}_A = \boldsymbol{Z}_B = \boldsymbol{Z}_C = \frac{\boldsymbol{ZZ} + \boldsymbol{ZZ} + \boldsymbol{ZZ}}{\boldsymbol{Z}} = \frac{3\boldsymbol{Z}^2}{\boldsymbol{Z}} = 3\boldsymbol{Z} \tag{3.77}$$

3.7.1 Exemplo 3.6

Seja a rede elétrica mostrada na Figura 23 alimentada por fontes monofásicas. Aplique a técnica do teorema de Kennely e determine as correntes $\overline{\boldsymbol{I}}_a$, $\overline{\boldsymbol{I}}_b$ e $\overline{\boldsymbol{I}}_c$.

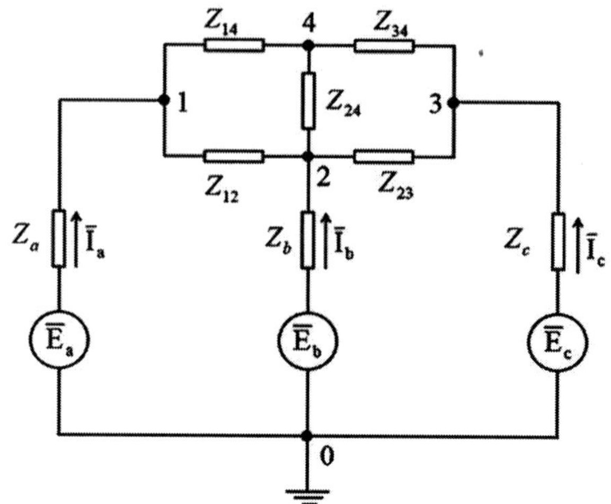

Figura 23 - Rede elétrica alimentada por fontes monofásicas.

Dados:

$$\bar{E}_a = 1000\angle 0°\ V;\ \bar{E}_b = 550\angle 0°\ V;\ \bar{E}_c = 800\angle 0°\ V$$

$$Z_a = j5\ \Omega;\ Z_b = j3\ \Omega;\ Z_c = j4,5\ \Omega$$

$$Z_{12} = Z_{14} = Z_{23} = Z_{34} = j30\ \Omega$$

$$Z_{24} = j10\ \Omega$$

Aplicando as equações (3.74), (3.75) e (3.76) do teorema de Kennely nos ramos das impedâncias $\boldsymbol{Z_{14}}, \boldsymbol{Z_{24}}$ e $\boldsymbol{Z_{34}}$ da Figura 23. As impedâncias nestes ramos estão na configuração estrela e serão convertidas para a configuração delta, conforme é mostrado na Figura 24. Definindo as impedâncias na configuração delta como $\mathbf{Z'_{13}}, \mathbf{Z'_{12}}$ e $\mathbf{Z'_{23}}$ e calculando, temos:

$$Z'_{13} = \frac{Z_{14}Z_{34} + Z_{34}Z_{24} + Z_{24}Z_{14}}{Z_{24}}$$

$$Z'_{13} = \frac{(j30)(j30) + (j30)(j10) + (j10)(j30)}{j10}$$

$$Z'_{13} = \frac{-900 - 300 - 300}{j10} = \frac{-1500}{j10} = j150\ \Omega$$

$$Z'_{12} = \frac{Z_{14}Z_{24} + Z_{24}Z_{34} + Z_{34}Z_{14}}{Z_{34}} = \frac{-1500}{j30} = j50\ \Omega$$

$$Z'_{23} = \frac{Z_{24}Z_{34} + Z_{34}Z_{14} + Z_{14}Z_{24}}{Z_{14}} = \frac{-1500}{j30} = j50\ \Omega$$

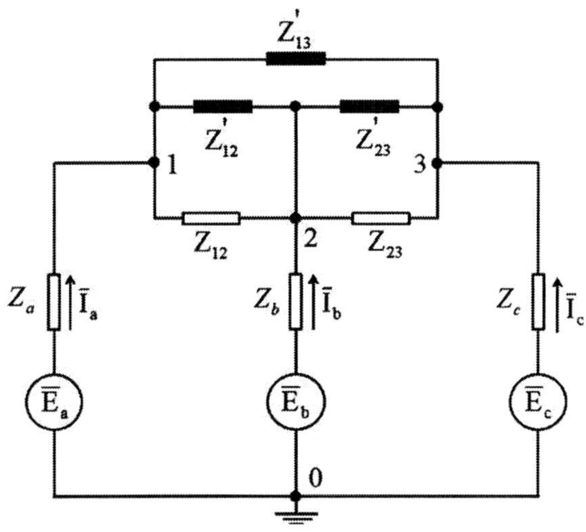

Figura 24 - Rede elétrica com os ramos das impedâncias Z_{14}, Z_{24} e Z_{34} da Figura 23 convertidas de Estrela para Delta.

Calculando as impedâncias equivalentes em paralelo nos ramos 1-2 e 2-3 da rede da Figura 24, e denominando de Z''_{12} e Z''_{23} respectivamente, resulta a rede elétrica reduzida mostrada na Figura 25.

$$Z''_{12} = Z_{12}//Z'_{12} = \frac{Z_{12}Z'_{12}}{Z_{12} + Z'_{12}} = \frac{(j30)(j50)}{j30 + j50} = \frac{-1500}{j80} = j18,75\ \Omega$$

$$Z''_{23} = Z_{23}//Z'_{23} = Z''_{12} = j18,75\ \Omega$$

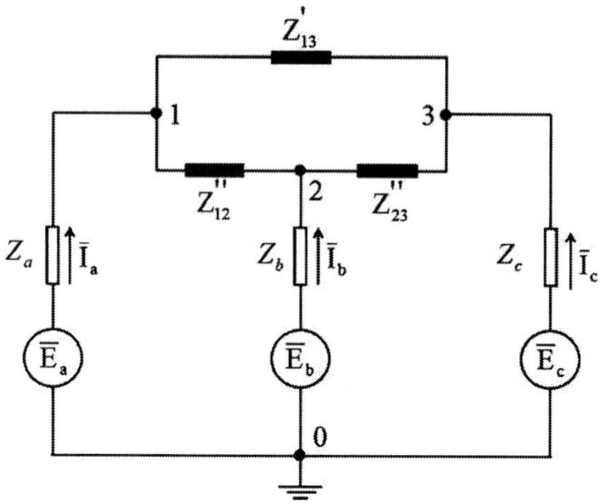

Figura 25 - Rede elétrica onde as impedâncias em paralelo dos ramos 1-2 e 2-3 da Figura 24 são convertidas para a sua respectiva impedância equivalente.

Aplicando as equações (3.46), (3.47) e (3.48) nos ramos (1-3), (1-2) e (2-3) do circuito da Figura 25, configuração delta. Convertendo para a configuração estrela e definindo as impedâncias como Z_1, Z_2 e Z_3 obtemos o circuito da Figura 26.

$$Z_1 = \frac{(Z''_{12})(Z'_{13})}{Z''_{12} + Z'_{13} + Z''_{23}} = \frac{(j18,75)(j150)}{(j18,75) + (j150) + (j18,75)} =$$

$$Z_1 = \frac{-2812,5}{j187,5} = j15\ \Omega$$

$$Z_2 = \frac{(Z''_{12})(Z''_{23})}{Z''_{12} + Z'_{13} + Z''_{23}} = \frac{(j18,75)(j18,75)}{j187,5} =$$

$$Z_2 = \frac{-351,5625}{j187,5} = j1,875\ \Omega$$

$$Z_3 = \frac{(Z'_{13})(Z''_{23})}{Z''_{12} + Z'_{13} + Z''_{23}} = \frac{(j150)(j18,75)}{j187,5} = j15\ \Omega$$

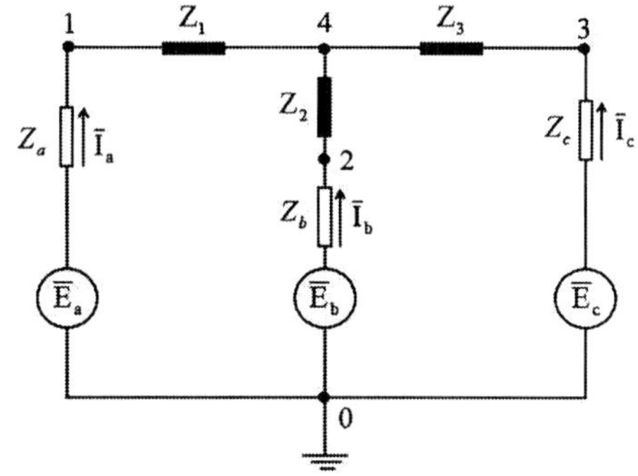

Figura 26 - Rede elétrica onde os ramos das impedâncias entre os pontos 1-2-3 da Figura 25 são convertidas de Delta para Estrela.

Somando as impedâncias em série e definindo como Z''_{14} , Z''_{24} e Z''_{34} obtemos o circuito da Figura 27.

$$Z''_{14} = Z_1 + Z_a = j15 + j5 = j20\ \Omega$$

$$Z''_{24} = Z_2 + Z_b = j1,875 + j3 = j4,875\ \Omega$$

$$Z''_{34} = Z_3 + Z_c = j15 + j4,5 = j19,5\ \Omega$$

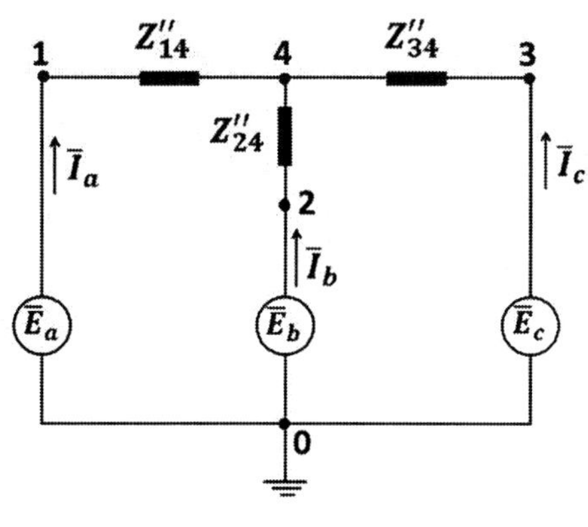

Figura 27 - Rede elétrica com as impedâncias resultantes em relação à rede da Figura 26.

E finalizando, convertendo os ramos das impedâncias (1-4), (2-4) e (3-4) da configuração estrela para a configuração delta, obtemos o circuito da figura 3.27, onde:

$$Z_{12}''' = \frac{Z_{14}''Z_{34}'' + Z_{34}''Z_{24}'' + Z_{24}''Z_{14}''}{Z_{34}''}$$

$$Z_{12}''' = \frac{(j20)(j19,5) + (j19,5)(j4,875) + (j4,875)(j20)}{j19,5}$$

$$Z_{12}''' = \frac{-390 - 95,0625 - 97,5}{j19,5} = \frac{-582,5625}{j19,5} = j29,875\ \Omega$$

$$Z_{13}'' = \frac{Z_{14}''Z_{34}'' + Z_{34}''Z_{24}'' + Z_{24}''Z_{14}''}{Z_{24}''} = \frac{-582,5625}{j4,875} = j119,5\ \Omega$$

$$Z_{23}''' = \frac{Z_{14}''Z_{34}'' + Z_{34}''Z_{24}'' + Z_{24}''Z_{14}''}{Z_{14}''} = \frac{-582,5625}{j20} = j29,128125\ \Omega$$

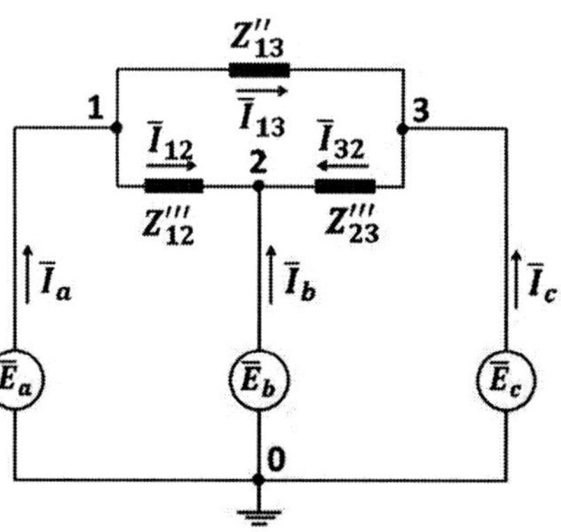

Figura 28 - Rede elétrica onde os ramos das impedâncias entre os pontos 1-2-3 -4 da Figura 27 são convertidas de Estrela para Delta.

Cálculo das correntes que circulam no delta da rede elétrica resultante. Arbitrando os sentidos das correntes, conforme mostrado na Figura 28, temos:

$$\bar{I}_{12} = \frac{\bar{E}_a - \bar{E}_b}{Z_{12}'''} = \frac{1000\angle 0^\circ - 550\angle 0^\circ}{j29,875} = \frac{450\angle 0^\circ}{29,875\angle 90^\circ}$$

$$\bar{I}_{12} = 15,1\angle -90^\circ\ A$$

$$\bar{I}_{13} = \frac{\bar{E}_a - \bar{E}_c}{Z_{13}''} = \frac{1000\angle 0^\circ - 800\angle 0^\circ}{j119,5} = \frac{200\angle 0^\circ}{119,5\angle 90^\circ}$$

$$\bar{I}_{13} = 1,7\angle -90^\circ\ A$$

$$\bar{I}_{32} = \frac{\bar{E}_c - \bar{E}_b}{Z_{23}'''} = \frac{800\angle 0^\circ - 550\angle 0^\circ}{j29,128125} = \frac{250\angle 0^\circ}{29,128125\angle 90^\circ}$$

$$\bar{I}_{32} = 8,6\angle -90^\circ\ A$$

Cálculo das correntes que saem das fontes de tensões monofásicas. Aplicando a lei dos nós nos pontos 1,2 e 3 da Figura 28, temos:

$$\begin{cases} \bar{I}_a - \bar{I}_{12} - \bar{I}_{13} = 0 \\ \bar{I}_b + \bar{I}_{12} + \bar{I}_{32} = 0 \\ \bar{I}_c + \bar{I}_{13} - \bar{I}_{32} = 0 \end{cases}$$

$$\begin{cases} \bar{I}_a = \bar{I}_{12} + \bar{I}_{13} \\ \bar{I}_b = -\bar{I}_{12} - \bar{I}_{32} \\ \bar{I}_c = \bar{I}_{32} - \bar{I}_{13} \end{cases}$$

$$\bar{I}_a = \bar{I}_{12} + \bar{I}_{13} = 15,1\angle -90^\circ + 1,7\angle -90^\circ = 16,8\angle -90^\circ\ A$$

$$\bar{I}_b = -\bar{I}_{12} - \bar{I}_{32} = -15,1\angle -90^\circ - 8,6\angle -90^\circ$$

$$\bar{I}_b = 15,1\angle 90^\circ + 8,6\angle 90^\circ = 23,7\angle 90^\circ\ A$$

$$\bar{I}_c = \bar{I}_{32} - \bar{I}_{13} = 8,6\angle -90^\circ - 1,7\angle -90^\circ = 6,9\angle -90^\circ\ A$$

3.8 Exercícios de Fixação

1. No circuito da Figura 29 determine:

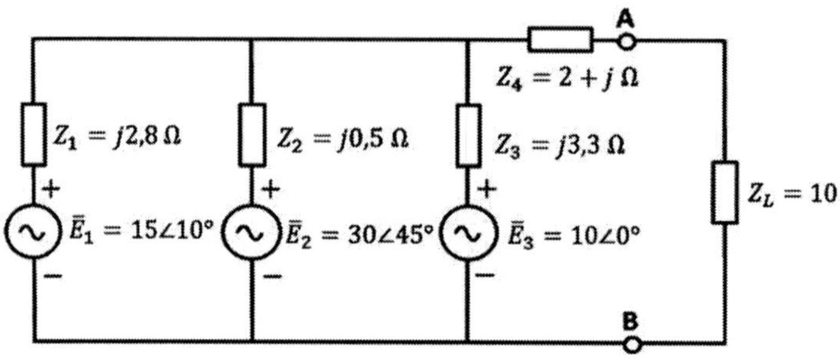

Figura 29 - Circuito referente à questão 1 do Exercício de Fixação 3.8.

a) O circuito equivalente de Thévenin para o circuito a montante dos terminais indicados **AB**.

b) A corrente de Norton nos terminais **AB**.

c) Encontre a corrente na carga aplicando o teorema da superposição.

d) A tensão nos terminais **AB** utilizando o teorema de Millman.

e) Determine $\boldsymbol{Z_L}$ para que ocorra a máxima transferência de potência para a carga e calcule também o módulo da potência a ser transferida.

2. Na rede elétrica da Figura 30 abaixo, aplique a técnica do teorema de Kennely e determine as correntes $\bar{I}_a$, $\bar{I}_b$ e $\bar{I}_c$. Considere todas as fontes de tensão monofásicas.

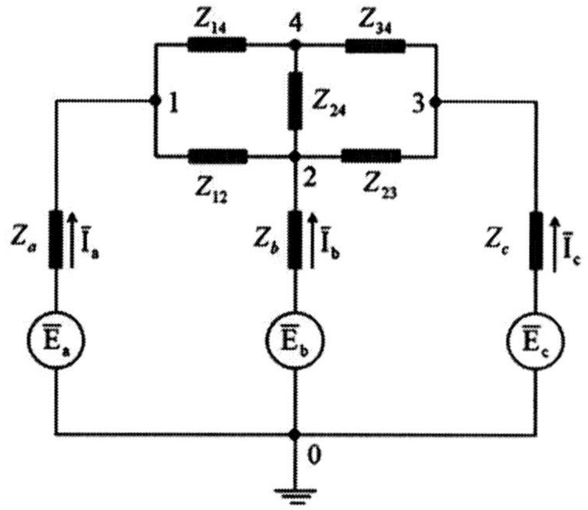

Figura 30 - Circuito referente à questão 2 do Exercício de Fixação 3.8.

Dados:

$$Z_{12} = Z_{14} = Z_{24} = Z_{23} = Z_{34} = j0,5\ \Omega$$

$$\overline{E}_a = 600\angle 0°\ V$$

$$\overline{E}_b = 300\angle 0°\ V$$

$$\overline{E}_c = 450\angle 0°\ V$$

$$Z_a = j2,2\ \Omega$$

$$Z_b = j0,8\ \Omega$$

$$Z_c = j1,5\ \Omega$$

Referências Bibliográficas

1.1. ALBUQUERQUE, R. O. Análise de Circuitos em Corrente Alternada. 2. Ed. São Paulo: Érica, 2007.

1.2. ALEXANDER, Charles K., SADIKU, Matthew. Fundamentos de Circuitos Elétricos – 5ª Edição - McGraw - Hill do Brasil, 2013.

1.3. ÁVILA, Geraldo. Variáveis Complexas e Aplicações. 3. Ed. Rio de Janeiro, RJ: LTC, 2000.

1.4. BEIRIGO, Thiago. Números Complexos. Clube de Autores, 2016.

1.5. BOYLESTAD, Robert L. Introdução à Análise de Circuitos. 12. Ed. – São Paulo: Pearson Prentice Hall, 2012.

1.6. BURIAN, Jr. Yaro.; LYRA, Ana Cristina Cavalcanti. Circuitos Elétricos. São Paulo - Pearson Prentice Hall, 2006.

1.7. DORF, Richard C., SVOBODA, James A, BIASI, Ronaldo Sergio de. Introdução aos Circuitos Elétricos – 7 Ed. - Grupo Gen - LTC, 2008.

1.8. DESOER, Charles A., KUH, Ernest S. TEORIA BÁSICA DE CIRCUITOS. Editora Guanabara Dois, 1979.

1.9. EDMINISTER, Joseph A. Circuitos Elétricos – Coleção Schaum. Reedição da Edição Clássica. 2. Ed. São Paulo, 1991.

1.10. EDMINISTER, Joseph A.; NAHVI, Mahmood. Circuitos Elétricos – Coleção Schaum. 5. Ed.. São Paulo, 2014.

1.11. HAYT JUNIOR, William Hart; KEMMERLY, Jack E.; DURBIN, Steven M. Análise de circuitos em engenharia. 7. Edição. São Paulo: McGraw-Hill, 2008.

1.12. JOHNSON, David E.; HILBURN, John L.; JOHNSON, Johnny R. Fundamentos de análise de circuitos elétricos. 4. ed. Rio de Janeiro, RJ: LTC, 1994.

1.13. MARKUS, O. Circuitos Elétricos – Corrente Contínua e Corrente Alternada – Teoria e exercícios. São Paulo: Érica, 2011.

1.14. MILLER, Wilhelm C.; ROBBINS, Allan H. Análise de Circuitos – Vol. 1 - Teoria e Prática. Cengage Learning, 2009.

1.15. MILLER, Wilhelm C.; ROBBINS, Allan H. Análise de Circuitos – Vol. 2 - Teoria e Prática. Cengage Learning, 2009.

1.16. MOHAN, Ned. Sistemas Elétricos de Potência – Curso Introdutório. 1. Ed. Rio de Janeiro. LTC, 2016.

1.17. MONTICELLI, Alcir.; GARCIA, Ariovaldo. Introdução a Sistemas de Energia Elétrica. Editora Unicamp, 1. Ed. Campinas – São Paulo, 2003.

Impressão e acabamento
Gráfica da Editora Ciência Moderna Ltda.
Tel: (21) 2201-6662